水曜日のお嬢様

二木繁美

タンタンのゆるゆるライフ

講談社ビーシー／講談社

はじめに

「神戸のお嬢様」と呼ばれてみんなに愛された、神戸市立王子動物園のジャイアントパンダ・タンタン。彼女は、お嬢様という名のとおりのグルメっぷりと、気むずかし……気位の高さでファンをとりこにしていました。パートナーのコウコウがなくなって以来、神戸でおひとりさま暮らしを堪能していましたが、2020年に中国への返還が決まりました。

そんな中、WEB連載として始まったのが、本書の元となった「水曜日のお嬢様」です。時はちょうどコロナ禍の真っ最中。移動も制限されていました。「いまの状態では、ファンの方々はタンタンの返還前に会いに行けないのでは？　だったら関西に住んでいる私が、いまの様子をお伝えできたら」。そんな思いから、帰国する日まで、休園日である水曜日にタンタンの様子をお伝えする。それが当初の目的でした。

私も、かつて名付け親となったパンダ・明浜《めいひん》と優浜《ゆうひん》が中国へ渡ることになったとき、とてもさびしい思いをしました。その時はテレビの中継で、中国へ行くまでの様子や、何事もなく現地へ到着した映像を見て、ホッとしたのを覚えています。そんな風にタンタンの様子をお伝えすることができれば、みなさんも少しは安心できるのではないか、そう考えたのです。

ただ、タンタンはついに中国へ帰国することはなく、神戸で最期を迎えました。28歳、人間で言えば100歳近くまで長生きしました。中国の基地から、はるばる日本にやって来てくれたタンタン。最後まで神戸で暮らしたことは幸せだったのか。それは彼女に聞かなければわかりませんが、病気が見つかってからもお庭を散歩し、のんびりと日なたぼっこしながらお昼寝。時には飼育員さんに「ガウッ!」と怒りながらも、フリーダムにお過ごしの姿を見ていると、少なくとも居心地は良かったのではないかと感じます。

本書は連載の一部に加筆・修正して構成しています。元気だった頃の姿はもちろん、病気が見つかってからのさまざまな試行錯誤まで。彼女から感じるのは、ただ生きることの素晴らしさ。タンタンを知らない方にも、その魅力をお届けできればと思います。

タンタンと飼育員さんたちの平凡だけれどステキな毎日を、本書を通じて知っていただければ幸いです。

二木繁美

contents

目次

第1章 はじめまして、お嬢様 13

第5章 いつでも元気で。すべてはお嬢様のために

第6章 ありがとう、お嬢様 225

本書はＷＥＢメディア「現代ビジネス」の連載「水曜日のお嬢様」の一部を加筆・修正し、再編集したものです。各回の見出しに併記した日付は、連載時の公開日となります。

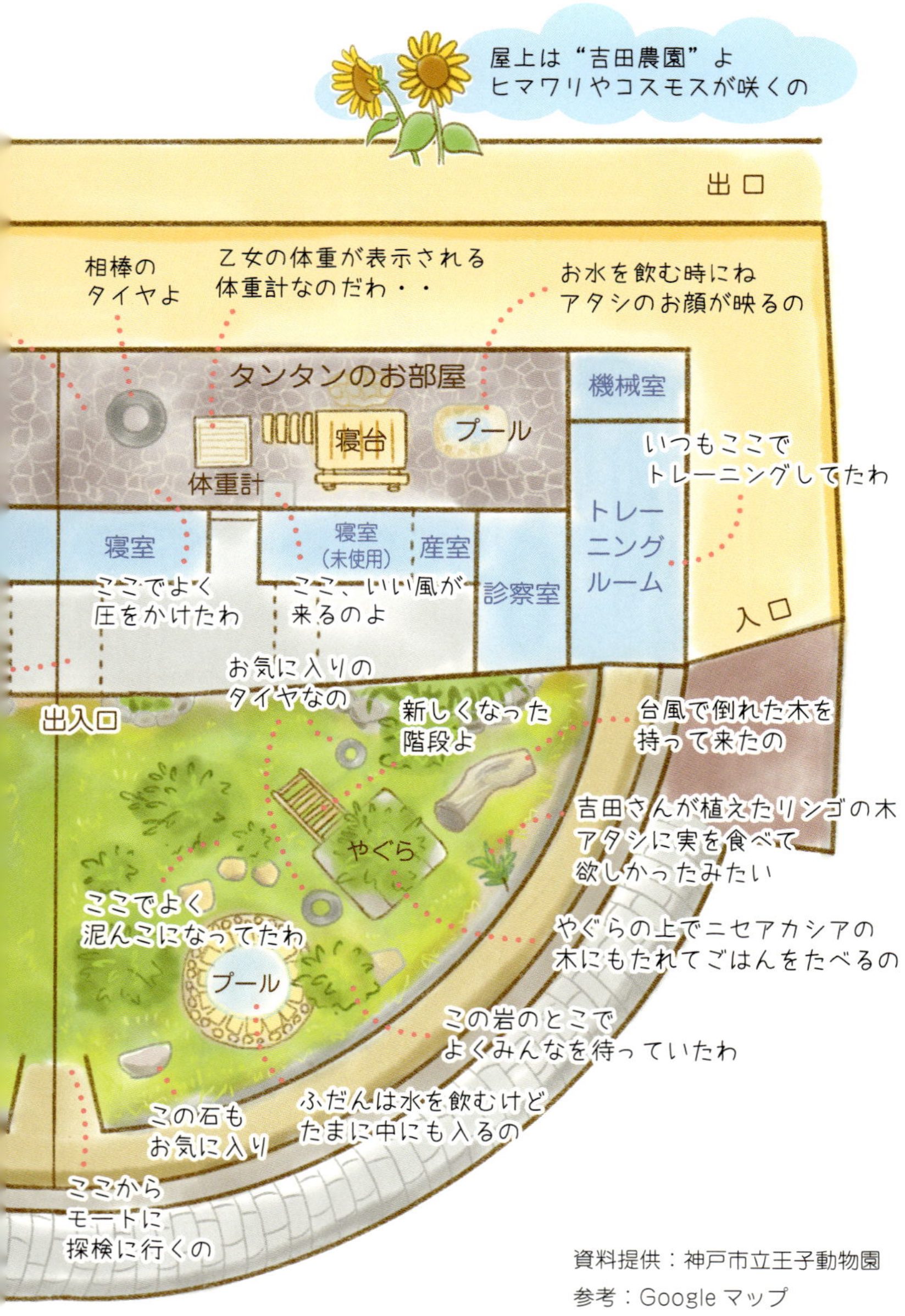

資料提供：神戸市立王子動物園
参考：Google マップ

パンダ館へようこそ
この通路の上はね
春には桜がキレイなの
ここに
飼育員さんたちが
いるのよ
観覧通路
夏はここに
転がると涼しいのよ
コウコウのお部屋
管理室
竹庫
この中に2箇所
かくれタンタンが
あるの知ってる？
翁たちの
おいしい竹が
入ってるの
日なたぼっこ
する通路よ
こっちはコウコウの
運動場なの
この辺に
大好きな
ローズマリーが
植えてあるわ
モート
観覧通路

profile

プロフィール

飼育員

梅元良次 うめもとりょうじ

タンタン歴　2008年～2024年

ファーストパンダはタンタンと初代コウコウ

X（旧：ツイッター）で「きょうのタンタン」を主に運営する、お嬢様の専属カメラマン。中国の研修で学んだハズバンダリートレーニングを強化するなど、常にタンタンのことを考えて行動している。「圧タン」や「ミルクリング」など、SNS のお嬢様用語の生みの親でもある。

飼育員

吉田憲一 よしだけんいち

タンタン歴　2009年～2024年

ファーストパンダはカンカンとランラン

お嬢様の専属パティシエで庭師。パンダ館の上に吉田農園を作り、タンタンのフンを肥料に使用したひまわりを栽培。よくタンタンの機嫌を損ねて「ガウッ！」の洗礼を受けている。自称「オレ、タンタンに嫌われてんねん」。得意技は“きいろ”を使ったブラッシング。

獣医師

菅野拓 かんのひろき

タンタン歴　2018年～2024年

ファーストパンダはアドベンチャーワールドにて

園の獣医師としてタンタンの健康診断を担当。いつも丁寧に処置をしてくれるが、タンタンには「イヤなことをするヤツ」として記憶されている（切ない）。「お前か！」という目で見られながらも、心の中では、タンタンのことをおばあちゃんのように慕っている。

タンタン（旦旦）

2000年に来園。ちょっぴり控えめなおみ足がチャームポイントで、神戸のお嬢様としてみんなに親しまれている。中国名はシュワンシュワン（爽爽）。飼育員さんたちには中国名を音読みしてソウソウとも呼ばれている。

初代コウコウ（興興）

タンタンと一緒に来園して動物園の人気者になったが、発育不全として中国に帰国した。中国名はチンズー（錦竹）。

2代目コウコウ（興興）

初代コウコウと入れ替わりに来園したオス。初代コウコウとは異母兄弟。中国名はロンロン（龍龍）。

王子動物園のジャイアントパンダたち

第1章

はじめまして、お嬢様

01

date 2020年11月11日

え、中国に帰っちゃうの？「神戸のお嬢様」こと、パンダのタンタンです

まん丸ボディに磨きをかける、食欲の秋！

秋晴れの神戸市立王子動物園。同園の人気者・ジャイアントパンダのタンタンは屋外運動場にいました。午前10時頃のジャイアントパンダの観覧は約20分待ち。

ちびっこたちの「パンダおった〜！」の声にも動じないタンタン。さすがの貫禄です。

天気が良いと、15時くらいまで、外でのんびり過ごします。ふと方向転換をしたタンタン。そのまま手前にあるモート（堀）に降りてキョロキョロ。飼育員の梅元良次さんによれば「あれは、ごはんを探しているんですよ」。基本、モートでエサをあげることはないそうなのですが、たまに、何かの拍子に落ちたエサを見つけることがあるのだそうで……。

「何かないかな〜という感じですね」

タンタンは〝神戸のお嬢様〟という愛称で呼ばれ、歩き方もトコトコと上品。隅々までお庭を

2020年5月に中国に帰国することが発表されたタンタン。ギャラリーの多さにもひるみません

モート（堀）の中をウロウロ

岩にもたれて休憩です

歩いて、まるで宝探しのようですね、お嬢様。

最近では食欲もだいぶ出てきました。こどもの代わりに、エサの竹やニンジンを抱く、偽育児と呼ばれる行動が少しずつ減ってきたのです。タンタンは2頭のこどもを幼くしてなくしていて、今でも時期が来ると、こどもを抱くような行動を取るのです。

「現在は、四方竹《シホウチク》というタケノコを中心に与えています。断面が四角い形をしていて、主に高知県の山間部で採れるんですが、たまたまタンタンのエサを採っている淡河《おうご》にもあったので。期間限定なので、そろそろ終わりなんですけどね」

四方竹、どんな味か食べてみたいものです。

ごはんとお昼寝、どっちも大好き

夏頃は少しお寝坊なタンタンでしたが、最近は飼育員さんの足音や、エサを用意する音を聞き、朝7時過ぎには起きてきます。この日は8時頃に起床し、公式ツイッター（現・X）でもおなじみのオリに手をかけて、おねだりのポーズです。

「くれないの？　って言われてるみたいで、すごく圧を感じます。ある意味パワハラですよね」

タンタンにも食欲の秋、到来ですね。そして食べた後は、お昼寝タイム。最近は屋外運動場にある岩がお気に入りスポット。なんでもいい具合に陽が当たって、暖かいんだそうですよ。笑っているようにも見えるお嬢様。大好物のニンジンやブドウをもらう夢でも見ているのでしょうか。

02 パンダと飼育員の最強バディ！得意の「レントゲンのポーズ」を披露します

date 2020年12月2日

ごはんが気に入らない日

取材日の13時頃、タンタンはお庭で夢の中。観覧の列も短めで、5分程度の待ち時間です。眠りから覚めると、まっすぐ室内の入り口の方へ。いったん室内へと退場したあと再登場、飼育員の梅元さんがやぐらに置いたニンジンとペレットをペロリ。さらに、新しい竹を用意してもらうも、全然食べる様子がありません。そのうち竹があるやぐらから降りて、ウロウロ。モート（堀）の入り口辺りに座り込んでしまいました。

「竹が気に入らなかったんですね」と梅元さん。

ほとんど竹になりかけの四方竹《シホウチク》のタケノコを与えますが、こちらも食べず。お気に召さなかったんですね、お嬢様。そのまま竹を食べず。ときおり運動場の縁から、お客さんがいる観覧通路の様子をうかがいます。ちゃんとごはんを食べておかないと、夕方にはハズバンダリートレーニングが待っていますよ。

タンタンとハズバンダリートレーニング

ハズバンダリートレーニングとは、動物に負担がかかる麻酔などを使用せず、治療や健康管理ができるよう、自主的にいろいろな体勢を取れるように訓練をすること。日本語に訳すと受診動作訓練といいます。タンタンは毎日閉園後に、このトレーニングに取り組んでいます。もともとやっていたトレーニングですが、さらに力を入れるようになったのは、2009年にオスのコウコウ（興興）が亡くなったあとのこと。

梅元さんは2011年の3月から3回、パンダの繁殖について学ぶため、パンダの発情期と出産期に中国へ勉強に行きました。その際、他の国から来ていたパンダの飼育員さんの話を聞いたり、中国でのトレーニングの様子を見たりして、ハズバンダリートレーニングの大切さを実感したのだそうです。

タンタンに健康で長生きしてもらうために、帰国後、もう一人の担当飼育員 吉田憲一さんにも相談し、ハズバンダリートレーニングに力を入れるようになったのです。

トレーニングやる気です※

得意の「レントゲンのポーズ」です※

健康で長生きが目標！

飼育員さんの指示でさまざまなポーズを取るハズバンダリートレーニングには、大体の流れがあり、それらをひととおりやって終わりとなります。ただし訓練なので、ルーティーンにはせず、毎日パターンを変えています。

梅元さんによれば「うちはタンタンだけなので、練習にかける時間も多い。タンタンはなんでも得意ですよ。ハズバンダリートレーニングに関しては、日本で一番上手だと僕は思っています」。とはいえ、嫌いなポーズもあるようで「ダウンっていう、あおむけのポーズが嫌みたいですね。嫌というか、めんどうくさい。声をかけた後に『めんどうくさいな、やるの？』みたいな〝間〟があります」と言う。

まずしゃがんで、あおむけになって。他のポーズよりも行程が多く、確かにめんどうくさいかもしれません。あ、もしかしてお背中が汚れてしまうのが嫌なのでしょうか？　お嬢様。

一方でかわいいのが「フセ」のポーズ。うつぶせのことなのですが、エコー検査やブラッシングをする際に役に立つのだそうですよ。

公式ツイッターには、レントゲンのポーズなども公開されています。レントゲンを撮りやすくするため、オリをつかんだ手を後ろにスライドさせて、体をまっすぐにするんです。

「レントゲンのポーズは、腕を上げるという単純なポーズがもとになっています。タンタンは覚えるのが早いので、大体1週間もあれば、それなりの形にできるんです」と梅元さん。

単純なポーズから始めて、少しずつできることを増やしていくのだとか。

「一番の目標は、タンタンに健康で長生きしてもらうこと。ハズバンダリートレーニングに特化することで、元気に過ごしてくれればうれしいですね」

トレーニングを極めることによって、お嬢様が、毎日生き生きと過ごせますように。

〝また明日ね〟

03

date 2020年12月23日

動物園の生き物が「生のパンダ」に出くわしたら……その意外な反応がかわいすぎる

お嬢様の休日

今回は、タンタンが暮らす神戸市立王子動物園の休園日のお話です。お嬢様がどんな休日をお過ごしなのか、もう一人の飼育員 吉田さんにお話を伺いました。タンタンを担当する飼育員は二人。梅元さんと吉田さんです。休園日の水曜日は、梅元さんが休みのため、吉田さんが一人でタンタンの世話をしています。

「何年か前から、休園日は扉を開放して、寝室と外の出入りを自由にしています。ソウソウに、休みの日くらい好きなところにいて欲しいと思って」と吉田さん。

ソウソウ（爽爽）とは、中国でのタンタンの名前。中国では「シュワンシュワン」と発音するのですが、難しくて言いづらいため、飼育員さんたちには、ソウソウと呼ばれているようです。

休日は、外で過ごすことが多いというお嬢様。外まで出ずに、寝室と外をつなぐ通路にいることもあるそう。

「人の声が聞こえるから、気になるのかもしれませんね。ソウソウが通路にいるのが見えたら、僕はなるべく、通路近くの部屋にはいないようにしています。ゆっくり過ごして欲しいからね」

さらに「休園日は静かで平和です。ハズバンダリートレーニングも、ゆっくりと好きな時間にできますし、構ってあげられる時間も増える、特別な日です」と吉田さんは教えてくれました。

なるほど、とてもゆったりとした一日をお過ごしのようです。ただし、休日もトレーニングは休まない。さすがです、お嬢様。

タンタンさんのお友だち

ふれあい広場のモルモット「ごましお」との2ショット※

ロバの「ブンタ」を見てる……？※

ヤギの「はるか」と「ミー」は、タンタンに興味津々※

ロバの「ナズナ」にこんにちは※

タンタンさんのお友だち

少し前に、公式ツイッターで話題になった「#タンタンさんのお友だち」という投稿。ロバやヤギなど、同園のふれあい広場の動物たちと、タンタンが一緒に写ったなんともメルヘンな写真が投稿されたのです。じつはこちら、吉田さんのアイデア。

「コロナで休園中に、ブンタ（ロバ）の散歩をしていて思いつきました。そしたら、ふれあい広場の担当者から『ほかの子も連れてって！』と言われて」

ふれあい広場の担当者さんは、良いアングルで写るようにと、ふみ台まで自作したのだそう。お嬢様とお友だち、とてもかわいく写っていますよ。

実際のご対面の様子はというと、吉田さんによれば「ソウソウは、向こうを全然気にしていませんでした。『なんかいるな』という感じですね」。お友だちがバタバタしても、怖がるでもなく、どこ吹く風だったのだとか。クールですね、お嬢様。

このメルヘンなツイート、続きが気になります。

「散歩で連れて来られる子に限りますが、おとなしくできるようなら、いいよと言ってあります」と吉田さん。タンタンとのメルヘンな写真を、ふれあい広場の担当者さんは、まだあきらめていない様子。今度は、どんなお友だちが来るのか、楽しみですね、お嬢様。

食欲旺盛、元気です！

さて、本日のお嬢様は、10時頃からお食事タイム。外の気温は約7度、震えるような寒さですが、元気にお過ごしです。お庭をウロウロした後は、ごはんの竹を求めてウキウキとやぐらの階段を上がります。やぐらの真ん中にあるニセアカシアの木にもたれて座ると、おいしそうに竹をムシャムシャ。ひとしきり食べて満足すると、その場でゴロンと横になり、夢の中へ。食べて、寝て、いつものルーティンです。さらに寝ながらピコンとしっぽを上げて、緑の落とし物。立派な形のうんこは、色ツヤも素晴らしい。おなかの調子も良いようで、何よりです。

04

date 2020年 12月 30日

飼育員さんからのサプライズプレゼントに大歓喜！　無我夢中な仕草がかわいすぎる

プレゼントは来るかな？　クリスマスの朝

取材日はクリスマス。お嬢様は9時40分頃から、扉の前でごはんの催促。いつもより少し早く、竹を用意してもらいました。さて、お嬢様のもとに、サンタさんはやって来るのでしょうか。タンタンは運動場をウロウロしながら、しきりに入り口の扉を気にしています。耳が良いため、扉の向こうの人の気配にも敏感なのだとか。

前日の24日には、飼育員の吉田さんから、タケノコとリンゴのプレゼントをもらっていたそう。クリスマス当日にも、何かもらえる予感がしていたのでしょうか。何度か扉の前に座って、ずっとソワソワしていました。

サンタさんがやって来た

11時頃、タンタンはいったんお部屋へお戻りに。入れ替わりに、飼育員の梅元さんが登場。長方形に凍らせた大きめの氷のプレートを手前の岩の上に置き、上に何やら並べているようです……。これは、クリスマスプレゼントですね！　プレゼントは、大好きなブドウと星型にカットされたリンゴ、ハート型のニンジンとペレットのツリー。

ツリーのセットを終えると、扉が開いてタンタンが再度登場し、プレゼントへまっしぐら！　いつもどおりブドウから？　と思いきや、手前にあった星型のリンゴからいただきます。じっと見ていましたよね、かわいい形が気に入ったのでしょうか、お嬢様。

飼育員の梅元さんが
何やらセッティング

「クリスマスのごちそうね♪」。何から召し上がりますか？

設置の直前には、氷のプレートが割れるというハプニングも

リンゴは切ったまま置いておくと変色してしまうので、あげる直前に用意したのだそう。今回は思ったより、細かい型抜きが多く、準備に時間がかかったそうです。プレゼントを用意した梅元さんによれば「去年のクリスマスは、サンタとトナカイだったので、今年はツリーかリースにしようと。リースは技術的に難しいかなと思ったので、ツリーにしたんです」とのこと。

おいしいおやつにお嬢様は満足げな表情。今回は2週間ほど前から、アイデアを温めていたという梅元さんも、苦労したかいがありましたね。

きっかけは20歳のお誕生日

タンタンへのプレゼントは、いつ頃から始まったのでしょうか。

「20歳のお誕生日会ですね。その時初めて、バースデーケーキ型のエサをプレゼントしました」

と梅元さん。

20歳のお誕生日を迎えた2015年は、タンタンの来園15周年という記念の年でもありました。そのため、園でお誕生日イベントをすることになったのです。この時のケーキは、かき氷をケーキの形に固めたものに、タンタンの大好きなブドウやリンゴ、ニンジンなどで飾り付けをした、比較的簡単なものだったそうです。そして今年、25歳のお誕生日には、飼育員二人で話し合い、思いを込めたスペシャルなケーキが贈られました。竹の柱を使った二段式。一番上のニンジンは、ろうそくの炎をイメージ。さらに土台部分には、ブドウでタンタンを描き、タンタンへのメッセージを込めたリンゴを添えています。「25」の数字は、数字型に並べたニンジンを凍らせてプレートにしてありました。前回、竹の葉で書いた「24」の数字がはがれてしまったという反省を生かしたそうです。

ケーキのセッティングには事務所のスタッフも動員し、6、7人がかりで完成させました。構想2ヵ月、製作に1ヵ月、2回の試作を重ねたという超大作です。ただ、誕生日当日、いつもと違う騒がしさに、タンタンはびっくりしてしまい、ケーキをスルーしてしまうというハプニングも。その後、タンタンは気を取り直して、ケーキを食べてくれたそう。誕生日当日は早朝にプレッシャーで目が覚めたという吉田さんもタンタンの様子を見て、「空気を読んでくれて、ありがとう」と、ほっとした様子でした。

最近では、お誕生日やハロウィンなど、イベントごとに特別なおやつをもらっているタンタン。一番うれしかったは、どのおやつなのでしょう。梅元さんは「誕生日のケーキであって欲しいですね。僕らも一番、力を入れているので」と話します。

本来なら、今年の7月に帰国予定だったお嬢様。ここにいてくれて、ありがとう。あなたと一緒に過ごせる日々は、私たちの宝物。また来年も、元気な姿を見せてくださいね。

05

date 2021年1月13日

パンダが「ハーブ」で大興奮? 飼育員さんの粋な計らいと工夫がすごすぎる

ローズマリーとお嬢様

今回は、ローズマリーで遊ぶお嬢様のお話を少々。ローズマリーとは、料理で肉や魚の臭み消しにも使われる、香りの強いハーブです。飼育員さんからローズマリーをもらったお嬢様は、束のまま抱えて、背中を押しつけるようにゴロゴロ。その動きは、まるでネコにマタタビのよう。いつも落ち着いているお嬢様が、なぜこんなことになっているのか。

梅元さんによれば「このローズマリーは、今は使ってないコウコウの運動場に生えているもので、エンリッチメントとして、気分転換のために与えることがあります。普段嗅ぐことがないニオイに、興奮しているのかもしれませんね」とのこと。

ローズマリーの香りにうっとりしたり、
はしゃいだりとご機嫌です※

落ち葉のベッドで〝まんまる寝〟

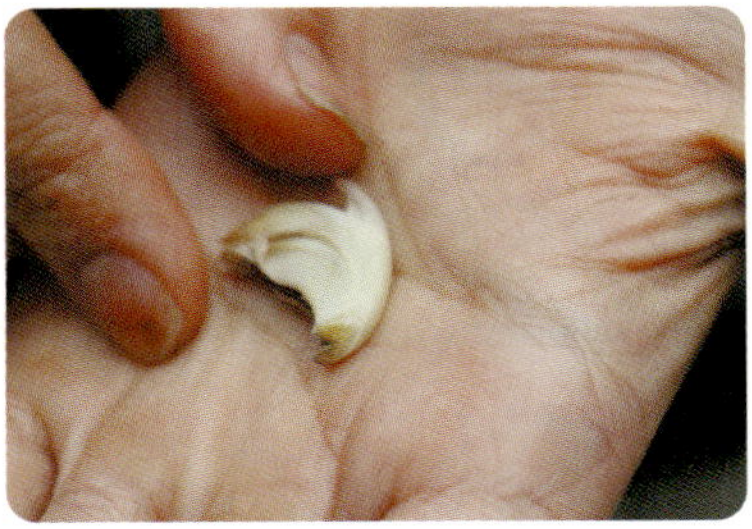

お嬢様のツメです

エンリッチメントとは、環境エンリッチメントとも言い、単調になりがちな飼育下の動物たちの暮らしを、飼育環境やエサの与え方などに工夫を加えることにより、豊かで充実したものにしようという取り組みのことです。英語の豊かにする（enrich）から来ていて、世界中の多くの動物園や水族館などで行われています。たとえば、タンタンの場合、エサのニンジンやペレットを置く位置を変えるのも、エンリッチメントの一つ。ただエサを与えるだけではなく、岩や木の上に置くことにより、エサを探す行動を促しているのです。

「ローズマリーに関しては、今はほとんどやりません。タンタンは年齢的にこういう遊びが、そんなに必要ないので、年に1、2回あったらいい方かもしれませんね」

まるで童心に返ったかのような、お姿が何ともかわいらしい……。自分の体に、ローズマリーの香りを付けようとしているのでしょうか。淑女にとっては、香りも身だしなみの一つなのですね、お嬢様。

ちなみに、アルコール消毒にも、同じような反応を示すことがあるため、注射の際には1週間ほど前から、あらかじめアルコールのニオイに慣れさせておくのだそうですよ。

お嬢様のモフモフお手々

先日、公式ツイッターで、タンタンの取れたツメが公開されていました。意外と大きくてゴツいツメ。クマの仲間と考えれば、こんなものなのでしょうか。

「ツメは、定期的に生え替わるわけではないのですが、たまに下から新しいツメが生えてきて、ポロッと取れることがあります」

ケガなどではないとのことで、ひと安心。取れたツメは、掃除をしていて見つけることが多いのだそうです。

先の部分がちょっと短めなので、後ろあしのツメのようです。歩くと削れる後ろあしと違って、前あしのツメは、先が鋭くて長め。前あしのツメが伸びすぎた場合は、飼育員さんがカットするのだとか。梅元さんによると、お嬢様のおみ足は毛の密度が高く、見た目どおりのモフモフなのだそう。ぜひ握手してみたいですね（命がけになりそうですが……）。ぜひ、おてやわらかにお願いしますね、お嬢様。

本日のお嬢様は……

取材日、午前10時の気温は約5度。風はありませんが、空気がキンと冷たい一日です。お嬢様は、ちょうどごはんタイム。食後はいつものやぐらではなく、運動場の後ろ側にある、落ち葉だまりの上で丸まってお休みです。タンタンがこの寝方をするのは、梅元さんも担当になって以来初めて見たとのこと。

「先週の金曜くらいからこうやって寝ています。この寒波でさすがに寒いのかもしれませんね」梅元さんによれば、中国ではこの寝方をしたパンダをよく見たそうで「寒い時期は、この状態で寝た上に、雪が積もっていましたよ」と教えてくれました。

あちこちに、まるいパンダ玉。夢のような光景です。さて、お嬢様はというと、この体勢でしばらく寝た後、お昼頃には起きだしてごはんの催促。大好きなごはんをモリモリと食べていました。最近は、食欲も旺盛なのだそうです。

雪が大好きというお嬢様。もし積もったら、はしゃいで転がる姿が見られるかもしれませんね。

06

date 2021年 2月 10日

タンタンが飼育員さんと「特訓中」、ちょっと嫌になっちゃった瞬間

ご機嫌いかがですか、お嬢様

午前10時、取材時の気温は約9度。日差しはあるものの、風が冷たい一日でした。お嬢様はと

いえば、外のやぐらにもたれながら朝ごはんの最中です。

飼育員さんと一緒にトレーニングがんばります※

「あ〜ん」のかけ声で口を開けるトレーニング※

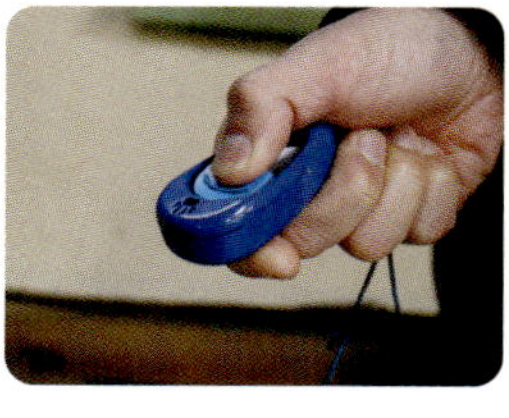
トレーニングに使用するクリッカー。押すと「カチッ」と音が出ます

右肩辺りに毛ぞりのあとが見えますが、これは、健康診断に新しく追加された調査項目・心電図のため。毛があると正確な数値が取れないので、飼育員さんと相談して、獣医師さんがそったのだそうです。タンタンはオリの中から、新しく追加された心電図を取る機械をじっと見つめていたそう。一体何に見えていたのでしょうか。

高齢のタンタンが健康な暮らしができるのも、この定期的な健康診断のおかげ。健康診断をスムーズに受けるためには、毎日のハズバンダリートレーニングが欠かせません。タンタンがいつもどんな風にトレーニングをしているのか、ちょっとのぞき見してみましょう。

トレーニング中のお嬢様をのぞき見

ハズバンダリートレーニングが行われている部屋は、もとは産室として用意されたものですが、今は、タンタンの健康を守るための部屋として活用されています。トレーニングに使用するのが、「クリッカー」という機器。片手で握れる大きさで、真ん中に大きなボタンがあります。動作を指示して、できたらボタンを押して音を鳴らすのです。これが鳴れば、タンタンはご褒美のリンゴがもらえるんですね。

指示を出している梅元さんは、「音が出ればなんでも良かったんですが、これがちょうどいいなと思って」と話します。ちなみに、今使っているものは犬用だそうですよ。

「タンタンはもともと、前任者からも訓練を受けていたので、フセなどの簡単な動作はできていました。そこから、僕ともう一人の飼育員の吉田さんとで、エコー検査や注射などができるまでトレーニングしていったんです」

トレーニングの内容については、同園で他の動物たちが行っている内容を参考にしながら、やり方を考えていったのだそうです。このトレーニングに合わせて、週に2回、獣医師さんがより詳しい検査を行っています。トレーニングはお手の物のタンタンですが、機器を拭いたり、注射をしたりする際のアルコールの香りが気になる様子も。アルコールのニオイが気になったときには、飼育員さんはタンタンの名前を呼んで次の動作へ移行。大好きなリンゴで、気をそらせてあげます。リンゴの誘惑には勝てませんね、お嬢様。

お嬢様は「才能アリ」

ハズバンダリートレーニングでは、1週間もあれば大体の動作はマスターしてしまうという「才能アリ」なタンタンですが、思ったようにできず、イライラしてしまうこともあります。梅元さんは「こちらとしてはできてなくても、タンタンからしたら『やったんだから、リンゴちょうだいよ！』となるわけですね」と話します。

とはいえ、トレーニング自体が嫌になってはいけません。タンタンがイライラしてきたらストップして、一つ前の動作に戻ります。そして、できたらちゃんとリンゴを与えるのです。その後は、違うトレーニングに切り替えて気分転換を。肝心なのは、イライラさせたまま終わらないことなのだとか。一つ一つの動作を根気強く繰り返して、覚えていくのですね。

飼育員さんたちと一緒にがんばって、いろいろなことを覚えてきたタンタン。今では、10種類以上の検査・治療ができるそうですよ。さすがですね、お嬢様。

07

date 2021年 3月 10日

「竹が気に入らない……」飼育員さんに無言で抗議する超グルメなパンダ

タンタンのひな祭り

前回の休園日は、ひな祭り。タンタンにも、竹の台座に座ったおひな様がプレゼントされました。ブドウとリンゴのぼんぼりまで付いた、専属パティシエ（飼育員）吉田憲一さんの力作です。「ひし餅とぼんぼりがあれば、ひな祭りっぽくなるかなと思って」と吉田さん。

おひな様を見つめるタンタン※

真剣に竹を見極めます

春の雑草サラダバーです

梅の花は園内から調達。お顔は研究員さんが担当してくれたそうです。乙女な休日を満喫したタンタン。ただ、おなか的には、ちょっと物足りなかったようですね。

最近、食欲が旺盛なタンタン。竹が気に入らないときは、よく扉の前で、飼育員さんに圧をかけていますが……。

梅元さんは「僕はすぐに、新しい竹を用意します。でも、あげられる竹は基本、冷蔵庫の中の分しかない。気に入る竹がない場合は、ほかのものを与えて、気を紛らわせてあげることもあります」と話します。

竹は、火、木、土と決まった曜日に、まとめて入ってくるので、途中で補充するということができないのです。

タンタンは季節によって、数種類の竹を食べています。竹の見分けは、食べ残しのチェックのため、飼育員さんにとっても大事な仕事。これが見分けられたら、一人前だそうですよ。

「タンタンは、同じ人が採ってきた竹でも、束が違うだけで食べなかったりするんです。そもそもパンダは食に対する欲があまりないんです。タンタンも竹がおいしくなかったり、手が届かなかったりしたら『もういいや』とあきらめて、食べない」

与えた竹の半分を食べれば良い方。気に入らない竹は絶対食べません。

毎年この時期は、竹のクオリティが少し下がるとのこと。タケノコの時期なので、そちらに栄養がいってしまい、竹自体があまりおいしくないのかもしれませんね。

梅元さん曰く「パンダの飼育で大事なのは、食べさせること」。今は、若い頃以上に栄養面に気を配っているのだとか。どうしても食べないときは、少しでも食べそうなニンジンやペレットをあげたり、早めに屋内に入れたりして、変化をつけるのだそうです。

好物は雑草!?

取材日は晴れ、気温は約10度。少し風があり肌寒い日でした。タンタンはいつもどおり、お外で食事。最近では、雑草をたしなむタンタンの姿が、たびたび目撃されています。

「竹は気に入らないけど、食欲はあるんです。雑草食べるくらいなら、竹を食べて欲しいんですけど……これぱっかりは仕方ないですね」

春の雑草は青々していて、生命力も強そう。たまには違うものを食べてみたいのですね、お嬢様。例年どおりなら3月末には、大好きな淡河《おうご》からのタケノコも届きます。今から楽しみですね。

この日は、卒業遠足の子どもたちがたくさん。観覧通路の近くまで来たタンタンに大興奮で「パンダさん、大サービスだね！」と大喜び。大好きな飼育員さんと、来園者のみんな、いつも見守ってくれる警備員さんたち、こんなやさしい時間がずっと続くといいですね、お嬢様。

08

date 2021年 3月 17日

息ぴったり！ タンタンと飼育員さんの「かくれんぼ」がガチすぎる

かくれんぼ上手なタンタン

取材時、10時頃の気温は約12度。お昼頃には15度くらいまで上がり、日なたでは汗ばむほどの陽気でした。タンタンはいつもどおり、やぐらの上でお食事タイム。今回の竹は気に入っているようで、モリモリと食べていました。もちろん、大好きなニンジンとタケノコ、ペレットもいただきます。今日はニンジンからの気分だったよう。ニンジンの後にペレットをかじり、その後は、お楽しみのタケノコタイムです。

飼育員さんはタンタンの様子をいつも備え付けのカメラから見守っています。でも屋外では、たまにタンタンがカメラから見えなくなることがあるんです。たいていは、出入り口近くのしげみの中にいるそうですが、そこはカメラの死角となる場所。タンタンがカメラの死角にいるとき

草むらの中から……かくれんぼですか？※

竹を束ねて吟味しています

小ザル舎西側の壁にある、影絵の
〝かくれタンタン〟です

は、梅元さんが外まで様子を見に行きます。

「いないと思ったら、このしげみかモートに降りていますね」

屋内への入り口近くには、雑草に混じって竹も生えていて、細いタケノコができていることも。

「そういうものを、食べに行くこともありますね」

タンタンは梅元さんの姿を見つけると、何かもらえると思って、すぐに出てくるのだとか。なんともおちゃめなお嬢様です。

かくれタンタンスポットも

じつは園内には時間によってタンタンが現れる「かくれタンタン」スポットがあります。それは、小ザル舎西側にある壁。シーズンごとに絵柄が変わる、タンタンの影絵なのです。こちらは、サル担当の飼育員さんが、タンタンの帰国が決まった後の2020年8月頃に始めたのだそう。そのかわいらしさから、ツイッターでもジワジワと話題になっているんです。こちらはアイデアから作業まで、3名の飼育員さんが関わっています。今回は、影絵の作成を担当している飼育員さんに、お話を聞きました。

「タンタンの帰国が決まって、私たちも何かしてあげたいという話になりました。最初はチンパンジーの運動場の草を刈って、タンタンを作ったんです」

草が枯れて、この「かくれタンタン」がなくなってしまったため、今度は影絵を思いついたのだとか。最初はシンプルに、タンタンの柄だけでしたが、昨年のハロウィンで、サル用のエリザベスカラーに、ハロウィンの飾り付けをしたのをきっかけに「かくれタンタンにも、何かしよう!」と。以来、クリスマスやバレンタイン、ひな祭りなど、イベントごとに少しずつ小物を変えています。絵柄は、直接アクリル板に描いています。タンタンの部分は白ペンキ、まわりの小物はビニールテープを使って描いていきます。

「もともと絵を描くのが好きでした。影絵の下描きなどは一切ナシ。そのままテープを切り貼りして描いています。ホワイトデーのタケノコは、当日朝に思いついて、急いで作ったんですよ」

最近は小ザル舎まで、かくれタンタンの写真を撮りに来られる方も多いそうです。

「絵の板を直接写真に撮る方も多いのですが、せっかくなので、影が映っているところを撮って欲しいですね。今の季節は、14時から14時30分くらいの時間帯に、きれいに見えますよ。小さなスポットですので譲り合って、ソーシャルディスタンスを守って楽しんでいただければ」

この「かくれタンタン」、絵柄が変わったときなどは、園の公式ツイッターで公開されています。現地に来られないという方も、ツイッターの画像で季節を感じてくださいね。

09

date 2021年3月31日

中国への返還が決まっているタンタン「また一緒に桜が見られたね」

タケノコでお花見

タンタンが暮らす神戸市立王子動物園には、入園ゲートから入って左側に桜の標本木があります。２０２１年は3月24日に神戸地方気象台が桜の開花を宣言。例年より４日ほど早い開花となりました（現在はパンダ館横の桜が標本木）。園内には、約４８０本のソメイヨシノがあり、満開になると、あちこちにピンクのトンネルができます。桜とパンダが楽しめるのは王子動物園ならでは。パンダ館の近くにも桜がたくさん。いつも、タンタンがごはんを食べている外のやぐらからも、桜の花がよく見えます。

タケノコを食べながら、ゆったりとお花見するタンタン。この風景は、同園の春の風物詩なんです。

桜を背景にタケノコをいただきます〜！(2020年撮影)※

のんびりと春の訪れを楽しんでいるようです(2020年撮影)※

タンタンは夢の中

暖かくなってきて、タンタンも寝室で寝ることが多くなりました。公式ツイッターでは「#深夜パンダ館」のタグで、夜のタンタンの様子が公開されています。いつもはモノクロの画像なのですが、この日の画像はカラー。「なぜカラー？」と思った方もいるかもしれません。

「じつはこれ、いつもの室内カメラではなく、隣にある寝室のカメラなんです」と梅元さん。暖かくなって、タンタンは寝室で寝ることが増えたそう。実際は真っ暗なのですが、映像はこのように鮮やかに映るのだとか。タンタンもまさかこんな姿を撮られているとは、夢にも思っていませんよね。


「暑くなってエアコンが入る頃になると、寝台では寝なくなります。エアコンや扇風機の風が、直接当たるのが嫌なんですね」

パンダは暑さが苦手。タンタンが過ごしやすいように、エアコンで室内の温度を調整するのだそうですが、風が直接当たる場所は、お気に召さないようです。

「タンタンはいつも、一番心地よいと感じる場所で寝ていますよ」

春眠暁を覚えず。桜もタケノコもそろった春の神戸ライフを満喫ですね、お嬢様。

寝ているだけでかわいい

取材日の神戸の最高気温は19度。同園では桜の花が六分咲き。場所によっては満開で、家族連れなどでにぎわっていました。タンタンはまだ外。観覧列も長く、午前10時30分頃の時点で、約40分待ちに。

11時過ぎ、やっと観覧の順番が回ってきた子どもたちが「パンダさんどこにおるの？」と探しています。

タンタンは、やぐらの下でお昼寝中。まぶしいのか顔を手で隠したり、寝返りを打ちながら、ぐっすり……、起きる気配がありません。それでも、タンタンが少し動いただけで「かわいい～！」という声が上がります。油断しきった寝姿。みんな見ていますよ。

２０２０年7月に貸与期限を迎えたタンタンは、本来ならここにいないはずでした。今年も一緒に桜を見られるなんて、とてもうれしい誤算です。願わくはこのまま、一緒に春の夢を満喫したいですね、お嬢様。

column

タンタンが食べる 竹の種類

孟宗竹 モウソウチク

中国原産の竹で、日本には江戸時代に渡来、国内最大の竹と言われています。日本でパンダに与えているのは、この孟宗竹が基本。理由はパンダがよく食べて、供給も安定してできるため。タケノコの旬は3月下旬から5月上旬頃。春に出回るタケノコの多くは、この孟宗竹のものです。

淡竹 ハチク

高さ20メートルにもなる大きな竹。柔らかくて細かく加工しやすいことから、茶道の茶せんやちょうちんなどにも利用されています。タケノコの旬は5月中旬から6月下旬。

矢竹 ヤダケ

本州、四国及び九州の山野に自生し、篠竹《シノダケ》とも呼ばれます。固くて葉が上部にしかつかないことから、弓道の矢の素材としても使われます。通常は食用にしません。

唐竹 トウチク

中国の旧国名である唐から唐竹《トウチク》と名付けられました。10メートルほどに育つ中型種で、タケノコの旬は5月から6月頃。

女竹 メダケ

関東以西の本州、四国及び九州の川岸や海岸に群生する、高さ5メートルほどの中型種。ざるや籠、うちわなどに利用されますが、タケノコは苦くて食べられません。

布袋竹 ホテイチク

稈《かん》の下の方にある節が七福神の布袋様のおなかのように見えることから、この名前が付いています。よくしなって折れにくいことから、釣りざおにも使われています。タケノコの旬は6月頃。

根曲竹 ネマガリタケ

チシマザサの若竹のことです。稈《かん》が丈夫で籠の材料にも使われます。タケノコの旬は5月から6月頃。細くてシャキシャキした食感で、細竹や姫竹とも呼ばれて人気があります。

四方竹 シホウチク

中国が原産の竹。横に切ると断面が丸みを帯びた正方形となるため、この名前が付きました。冬でも葉が枯れないことから、庭園材料としても利用されています。 タケノコの旬は10月から11月上旬。

これが見分けられるようになれば一人前のパンダの飼育員。向かって左が孟宗竹（モウソウチク）、右が淡竹（ハチク）。外見での見分けが難しい2種類です

参考資料

農林水産省ホームページ　https://www.maff.go.jp/j/pr/aff/2103/spe1_01.html
林野庁ホームページ　https://www.rinya.maff.go.jp/j/tokuyou/take/syurui.html
Weblio 辞書　ホームページ　https://www.weblio.jp/content/ 根曲竹
庭図鑑植木ペディア　ホームページ　https://www.uekipedia.jp

第2章

ご機嫌いかがですか？お嬢様

date 2021年5月26日

01 飼育員さんの「手作りごはん」にまさかの「塩対応」の裏事情

パンダ団子（改）登場！

コロナ禍による休園が続く同園ですが、公式ツイッターを見ていても分かるとおり、タンタンは食欲旺盛。取材時の朝の体重は92キロと、元気に過ごしています。

先日の公式ツイッターには、久々にパンダ団子を作った様子も公開されていました。

パンダ団子とは、パンダ用の栄養食。竹の葉の粉に米粉や大豆粉、たまごなどを混ぜて団子状に丸めて蒸し、さらに冷蔵庫で冷やします。手間がかかるため、以前は週に1日、まとめて作って冷凍していましたが、栄養価がペレットに劣るため、最近は作っていませんでした。今回、約6年ぶりにパンダ団子作りにチャレンジした理由は何だったのでしょう。

「これから気温も上がり、食欲が落ちてくるかもしれないので、タンタンが食べられるものを、少しでも増やしていきたいと考えて、久しぶりにパンダ団子を作ってみました」と梅元さん。

ほかにも、春頃に判明した心臓疾患のための薬を与える際に使いたいとも考えているのだとか。なるほど、薬が埋め込みやすそうに見えますね。

このパンダ団子、タンタンは最初、ニオイを嗅ぐなどして興味は持ってくれたものの、食べずに床へポトリ。

「初めてのものや、久しぶりのものには警戒心を持ちますので、あのような反応になることが多いです」

しかし、二人の飼育員さんはあきらめませんでした。なんとか食べてもらえるよう、根気強く与え続けた結果……。気持ちが通じたのか、タンタンがパンダ団子を食べ始めたのです。

19歳のお誕生日にパンダ団子ケーキが贈られたときも、ほとんど完食したというタンタン。久々で警戒してしまったけれど、じつは好きな味なのかもしれませんね。

パンダ団子（改）のレシピは昔とほぼ同じですが、新たに少し工夫を加えています。

「少しでも飽きないように、味の変化を付けられないかと考え、通常の砂糖に加えて、黒糖とサトウキビ粉と3種類の味を作りました」

パンダ団子を作るだけでも手間なのに、味のバリエーションまで。さすが、タンタンへの思いが深いですね。しかも、3種類の味の差を確認するため、自ら味見までしたのだとか。このパンダ団子のお味は、いかがだったのでしょうか。

「食感はパサパサしていて、僕たちには、あまり味の差が感じられなかったです。おいしいとは言えませんが、人も食べられるレベルでしたよ」

まぁ、パンダ用ですものね。でもこんなに自分のことを考えてくれる、飼育員さんたちにお世話をしてもらって……。お嬢様は幸せ者ですね。

タンタンの日常

タンタンの最近のお気に入りの場所は、寝室と屋内展示場の入り口辺り。

「風が抜けるのと、床が冷たくて気持ちいいのかもしれませんね」

夏に向けて気温が上がってきているため、少しでも涼しい場所で過ごしたいようです。暑くなると屋内はエアコンを入れますが、そうすると、エアコンの風が直接当たる寝台では寝なくなるのだとか。神戸での生活が長いタンタンは、一番心地良い場所をよく知っているのです。

さらに先日、ツイッターにレアなお姿が公開されました。寝台の横棒に手を掛け、あしを立てて、ちょこんと上手に座っています。こちらは、休憩しているときに見られる行動なのだそう。きっと、毎日リラックスして過ごせているあらわれなのでしょう。

朝はオリの向こうから圧を感じる、通称「圧タン」も増えてきたそうで。

晴れた日は、お外でのんびり※

パンダ団子を蒸しています。
ハート型は愛情のあらわれ？※

飼育員さんはたまに見かけるという、
レアな座り方※

「最近は寝室で眠ることが増えてきたので、寝室からオリ越しの圧タンがよく見られます。寝起きそのままの姿なのだと思いますよ」

飼育員さんだけが出会える、かわいいお出迎え。なんとも、うらやましい限りです。コロナ禍での休園が長引き、ちょっぴり自粛疲れが出てきた私たち。ステイホームが上手なお嬢様を、見習いたいものですね。

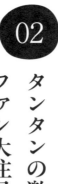

02 タンタンの激レア「しゃっくり」ショットにファン大注目！「世界一かわいい」

date 2021年 6月 9日

何をしてもかわいい！

ツイッターに公開された動画。タンタンがニンジンを手にして、屋内にある体重計にお行儀良く座っています。いつもどおり、ごはんを食べる動画なのかと思いきや……。次の瞬間、控えめなおみ足が体ごと、ピャッと上を向きました。なんと、全身でしゃっくりをしたのです。お嬢様のしゃっくり。初めて見ました！

すごくレアなこの動画に関して、梅元さんは笑いながらこう話します。

「この子は、何をしてもかわいいです」

あらあらごちそうさまです。愛されていますね、お嬢様……！

コロナ禍によって6月20日まで休園中の神戸市立王子動物園ですが、動物たちは休園中も、以前と変わらない暮らしをしています。タンタンはといえば、朝からやる気満々でハズバンダリートレーニングに励んでいました。朝と夜に行うトレーニングの内容については今までどおり。休園中も特に変わったことはしていないそうです。

「朝と夜の2回トレーニングを行う理由は、少しでも細かくタンタンの様子を観察して、健診するためです」

タンタンの様子を見て、ストレスになりそうな場合は行いません。トレーニング後には、オリから鼻を出して「今日もうまくできたでしょう？　フフン」と言わんばかりの凜々しいドヤ顔……癒やされます。

おやつのタイミング

食いしん坊のタンタンは、梅元さんの気配を察知すると、「何かちょうだい」とばかりに、お

お行儀良くお食事からの「ひゃっく！」急にしゃっくりが出ました※

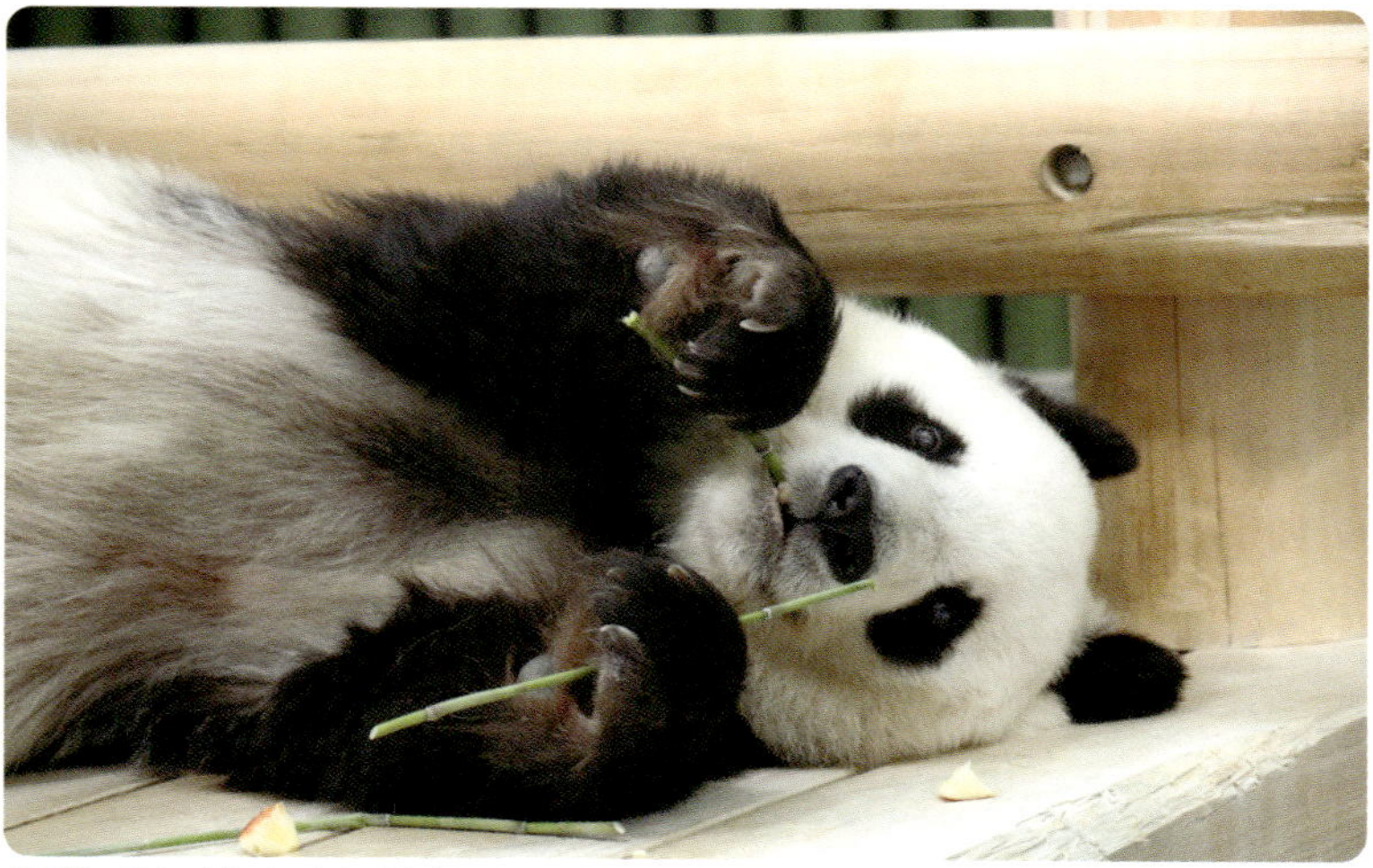

この細いのも、タケノコなんですよ

タンタンと梅元さん

ねだりに寄って来ます。

どこかにおやつを仕込んでいるのでしょうか。

「仕事の流れでフラッと様子を見に行くことが多いので、ほとんど何も持っていないですよ。最初からおやつを用意して行くときは、ごはんの残り具合や行動などを見て、おなかが減っているだろうなと判断したときです。次のごはんまでの時間があまりにも長いと、それもストレスになってしまうので」

お嬢様のおなかの具合まで察するなんて、さすがです。いつもしっかり見ているので、タイミングもバッチリなのですね。

お気に入りの竹は……？

グルメなタンタンは竹選びに余念がありません。先週のお気に入りは、孟宗竹《モウソウチク》でしたが、どのあたりが気に入ったのでしょうか。

「理由は分かりませんが、タンタンの好みに合う竹だったんでしょうね」

私たち竹の素人（？）は「新鮮な方がおいしいのでは？」と思ってしまいますが、タンタンは鮮やかな緑の竹よりも、少し黄色い竹を好むそうです。

「おいしい」という感覚に理由などないのですね、お嬢様。

ほかに、現在好んで食べているのはタケノコ。淡河《おうご》から届く旬のタケノコに加えて、園内に生えている布袋竹《ホテイチク》のタケノコもお気に入りです。でも、タケノコシーズンは、あと1ヵ月ほどで終わり。次は、秋の四方竹《シホウチク》までお預けとなります。この四方竹《シホウチク》は、もう一人の飼育員 吉田さんが育てているもの。

「園内に植えている四方竹《シホウチク》は、まだそんなに成長していないので、あげられたとしても本当におやつ程度くらいでしょうね」と、話す梅元さん。

大好きなタケノコ。採れる量は少なくても、秋が楽しみですね。

休園中もシャッターは全開

飼育員さんが扉の小窓から屋内展示場をのぞくと、目に飛び込んできたのはおいしそうなおにぎり……ではなく、みんなの大好物、おにぎりみたいなタンタンの後ろ姿です。後ろには、まだ閉まったままの観覧通路のシャッター。いつもは、朝一番にシャッターを開けるそうです。

「タンタンの観察のために、休園中も毎日シャッターを開けています。映像だけでは、細かな動作などは観察できないので、近くで見るためにシャッターを開けるんですよ」

ガラスの向こうには、いつもと違う、人の気配がない通路が広がるだけ。タンタンも退屈なのでは?

「見た感じ、外に出たがることはないですね。タンタンからすれば、できればずっとお部屋でゴロゴロしていたいと思いますよ」と、梅元さんは笑います。

とはいえ、健康面を考えると、ずっと寝ているわけにもいきません。日光浴と運動、そしてタンタンの気分転換のために、短時間でも外に出すようにしているのです。

03

date 2021年7月21日

「えっ、ご褒美ないの!?」タンタン、衝撃の事実にあぜんとしてしまう……

タンタンの「あ～ん」

健康診断をスムーズに行うために必要な、ハズバンダリートレーニング。公式ツイッターでもたびたび、トレーニングをがんばるタンタンの様子が公開されています。

先日は、口を開ける練習をしている姿が紹介されていました。

そのときの命令語は「あ～ん」。じつはこれ、タンタン用のオリジナルなのだそう。

「口を開ける動作のかけ声が、あ～ん以外に思いつかなかったんです」

まるで小さな子どもを諭すよう。かわいすぎやしませんか。


梅元さんが学んだ中国での口を開ける動作のやり方は、ターゲット棒と呼ばれる棒を口の先端に当て、ご褒美のリンゴを口先に持っていくというもの。このとき、動作を止めるかけ声に「あ～ん」を使ったことから、今でもそのままなのだそうです。

ほかの動作のかけ声はどうなのでしょうか。そのまま停止する動作には「ステイ」、あおむけには「ダウン」を使います。ちなみにタンタンはダウンの動作が嫌い。

「ダウンと言った後は、一瞬めんどうくさい～やるの～？ というような表情をしますが、タンタンはちゃんとやってくれますよ」

あとは、床におなかをつけて、じっとする伏せ。命令語はそのまま「フセ」です。

「しゃがめ！ のような、命令語にしたくなかったので、犬の訓練にも使う、フセにしました」

フセは、心電図を取るためにも必要な動作。心臓疾患のあるタンタンには、とても重要なポーズなのですね。

採血の動作にはかけ声はなく、オリの手で持つ部分を指で差します。賢いタンタンはこれだけで、しっかりと採血のポーズを取ってくれるんですって。

「どう？　上手でしょ？」。ドヤ顔で採血のポーズ※

リンゴがなくなりとまどいを隠せないタンタン（神戸市立王子動物園公式ツイッター（現・X）より）

えっ、ご褒美ないんですか⁉

ハズバンダリートレーニングを行うには、強化子《きょうかし》（＝ご褒美）も大切。先日は公式ツイッターに、トレーニング途中にご褒美のリンゴがなくなってしまったため、タンタンが目を見開いて、ショックを受ける様子が公開されていました。

このように、リンゴが途中でなくなることはよくあるのだとか。

「リンゴがなくなるスピードは、切り方やトレーニングの速度、検診の内容にもよりますね」

トレーニング用のリンゴは、１日１個を目安にしています。切りすぎると、逆に残ってしまうこともあるのだとか。

リンゴが途中でなくなった場合は、新しいものを取りに行きますが、トレーニング中に目の前から梅元さんがいなくなると、タンタンはどうしたらいいか分からなくなります。そこで、先ほどのショックを受けたような表情になるわけです。急いでリンゴを取ってくると、待ちくたびれてオリにめり込み、圧タン状態になっていることもあるのだとか。

トレーニングのご褒美になるほど、タンタンはリンゴが大好きなのですが、じつはリンゴの種の部分は大嫌い。一度口に入れても、種の部分が多いとペッと口から出してしまいます。

「これじゃ、言うこと聞けませんという表情をしますね。丸ごと与えたときは、種も一緒に丸かじりするのに……」と、納得がいかない様子の梅元さんですが、ご褒美のリンゴは、なるべく種の部分を入れないようにカットしているそうです。やさしいですね。小さな種も許せない、なんともグルメなお嬢様なのです。

そろそろ、淡河のタケノコも終わり

取材日の天気は曇り。午前9時の時点で気温はすでに27度でしたが、前日の雨のせいか、涼しい風が吹いていました。しかし、最高気温は31度と真夏日の予報です。

この日のタンタンは、午前8時前にお庭で少しごはんを食べた後、自ら通路に帰ってきました。パンダ館の公開時間となる10時頃には屋内に入り、タイヤに座ってお食事タイム。淡河《おうご》産の唐竹《トウチク》のタケノコを3本ペロリといただきます。この前にいつもどおり、ニンジンとペレットも召し上がったとのこと。タケノコがおいしいのか、食欲も旺盛です。

この時期のタケノコは、少し柔らかいだけで、ビジュアルもほぼ竹に近いもの。そろそろ淡河《おうご》のタケノコの季節も終わりですね、お嬢様。

タケノコを食べ終わった後は、お隣の部屋との壁ぎわにゴロンと転がって休みます。この場所は、最近のタンタンのお気に入りのゴロ寝スポット。お気に入りスポットの1位は寝室。2位は同率で寝台と、この壁ぎわなのだとか。

寝台は、段を上がるのがめんどうくさいときがあるらしく、最近では食べてそのまま、この壁ぎわで休んでいる様子がよく見られます。この後、やはり固い床は寝心地がよくなかったのか、起き上がって寝台へ移動していました。快適とめんどうくさいの間で揺れる乙女心なのですね。

控えめなおみ足が……

寝台で少し眠った後、11時40分過ぎにお目覚め。ごはんの交換のために寝室への入り口が開き、一度中に入るのかと思いきや……。なんと、途中まで入った所でストップ。お嬢様の控えめなおみ足が邪魔で、扉が閉められません！ いつもならスッと入って行かれるのに、何か気に入らないことでもあったのでしょうか？

その後、なんとか無事に寝室に入って扉を閉めることができ、飼育員さんが部屋の中に新しい竹やニンジン、ペレットをセットしました。寝室の扉が開き、お部屋に再登場した後は、竹より先に、大好きなニンジンとペレットをモグモグ。縦に4つに割っただけのニンジン。大きすぎでは？ と思いましたが、タンタンが握りやすいように、大きめにカットしているのだそうです。続いてペレットを食べ終わったら、満足そうにいったん空をあおぎます。その後は、いつものタイヤへと移動し、上に座って竹をいただきます。

洗い立てのツヤツヤの竹をモリモリと食べた後は、また、そのまま壁ぎわに転がってお休み。「すみっこはエアコンの風が直接こないので、お気に入りですね。トイレもよくあそこでしています」

ふと見れば、脚立に乗った梅元さんが、隣の部屋の壁の上からタンタンを見守っています。そしてカメラを取り出して写真をパシャリ。ツイッター用の画像も、よくここから撮影されているそうですよ。落ち着くお部屋で飼育員さんに見守られながら、今日もまったりお過ごしのお嬢様なのでした。

04

「あれれ〜おかしいぞ〜」タンタンの「野生の勘」が冴えわたった瞬間

date 2021年 8月 4日

じつはわざと！　扉にあしを置く理由

室内展示場で寝室への扉が開くのは、竹の交換の合図。いつもなら扉が開くと、真っ先に中に入るタンタンですが、先日は、なかなか中に入ろうとしませんでした。偶然かなと思っていたのですが、じつはそうではなかったようで……。

寝室への扉のフチに、めいっぱい伸ばしたおみ足をちょこんと置いて、そのままフリーズ。

「あれはわざと置いているんですよ」と、笑う梅元さん。あしを置けば、扉が閉まらないことを、タンタンはよく知っているのです。

ごはんのタイミングが早いなど、何かいつもと違うことがあると、タンタンは「え？　どうしたんですか？」とばかりに警戒して、中に入ろうとしないのだとか。

「ほかにも、気になるニオイがあったり、知らない人や、新しい獣医などが中にいたりすると警戒していますね。何もないときは、スッと入って来ますよ」

あまりに入って来ないときは、声をかけて安心させるのだとか。毎日のんびりしているように見えて、野生の勘を忘れていないのですね、お嬢様。

圧タンと鼻息

オリに前あしをかけ、ぎゅっと体を押し当てる。ごはんや外に出たいときのタンタンのおねだり。ファンにはすっかりおなじみの「圧タン」ですが、先日、同園の公式ＹｏｕＴｕｂｅで、衝撃的な動画を発見しました。

かわいいタンタンを集めたその名も「タンタン短編動画集」。30秒を過ぎたあたりに、圧をかけながら「フン！　フン！　フン！」と、鼻息の荒いタンタンの姿が登場します。

「ちょうだい！　ちょうだい！　みたいな感じです。パンダはあまり鳴かないので、鼻息でアピールするんでしょうね」

飼育員さんには日常の光景だそうですが、直に圧タンを見たことがない筆者にしてみれば、鼻息で圧をかけるこの光景は、とても衝撃的。昔、祖父宅で飼っていた牛の鼻息を思い出しました。生温かくて湿ったような、けっこう大きな鼻息なんですよね……。お部屋のお掃除中にも、タンタンはよくオリの中から「外に出して」と圧をかけています。このプレッシャーを背中に受けながら、飼育員さんは毎日お掃除しているのですね。

ハズバンダリートレーニングに使用する部屋の掃除も、飼育員さんの大切な仕事です。掃除の様子を撮影した動画も、公式ツイッターで公開されていました。

「最近では月に2～3回、汚れてきたなと思ったときに掃除しています。ブラッシングするときも、ここを使うため、毛がたくさん落ちているんです。夕方のトレーニングにも使用するので、午前中に掃除をすませるようにしています」

「どろんこですが何か？」※

よく見ると、扉が閉まらない
ようにあしを置いています

若い頃のタンタン。
木に登って得意そう※

外でどろんこ遊びをしたときなどは、土まみれのままトレーニングをするため、すぐに掃除するハメになるのだとか。みんなに「どろんこやな〜」と言われながらトレーニングをする姿はキュートですが、飼育員さんは大変ですね。

トレーニング室は、水をかけてピカピカにしますが、通常過ごすお部屋に関しては、きれいにしすぎないように気を配っています。

「動物は自分のニオイのある場所に安心するので、きれいにしすぎるのは良くないんです」

あまり汚していない場所は、ニオイを残すためにあえて掃除しないことも。

「パンダはそんなに汚す動物でもないですし、出産前後などは刺激しないように、1週間くらい掃除しないこともあるんですよ。中国でも、掃除のしすぎは良くないと言っていましたね」

適度に生活感がある方が安心できるのは、私たち人間も同じかもしれませんね。

考えるお嬢様

最近はごはんを食べている途中に、ふと動作が止まることが増えてきたタンタン。これはどういう行動なのでしょうか。

「若い時にはなかった行動ですね。年齢的なものかな。食べながらボーッとして、ふと我に返る

『もう（食べなくても）いいかな』というような感じですね」

今は食欲があまりない時期なので、食べながら考え込むことが多いのですが、食欲が旺盛な秋冬は、満足するまで食べてから、ボーッとするそうです。考え事をするには、まずおなかが満たされていなければというところですね。

「昔は、食べて寝る、満足してないときはウロウロすると、動きにメリハリがありました。おなかをポンポンする動作もそうですが、こういう中途半端な動きは、若い頃にはなかったですね」

来園した頃はおてんばだったタンタン。庭の木に登ったり、でんぐり返しをしたり……。年齢を重ねて、おとなの余裕ができたということでしょうか。

夏休みのお嬢様

取材日の神戸は曇り時々晴れ。朝9時の時点で気温は28度、最高気温は33度の真夏日です。近くの六甲山にも黒い雲がかかり、雷注意報が出ていましたが、午前中はカラッと晴れて暑い日となりました。

暑いため、室内にいるタンタン。朝のお食事はニンジン、ペレットから竹へと進み、パンダ館の観覧開始時間には、孟宗竹《モウソウチク》を召し上がっていました。

食べ終わったら寝台に上ってお休みに。12時少し前に、寝室へ通じる扉が開きましたが、タンタンは熟睡しているのか気づかず。10分ほどしてお目覚め。横目でタイヤの所に竹がないかをチェックしながら、ゆったりと退場しました。

梅元さんがごはんを用意した後、タンタンが室内に再登場。その後は12時15分頃から、お昼ごはんスタートとなりました。まずは体重計の上に座って、上に置かれた大きめにカットされたニンジンを前あしで器用につかんでパクリ。ペレットは後ろ向きでいただくのが、最近のスタイル。さっとつかんで観覧通路に背中を向け、体重計を背もたれにして座ります。この状態が、楽な姿勢のようです。

15分ほどかけてニンジンとペレットを味わってから、いつもどおり竹の方へ。お気に入りを選ぶと、ちょこんとタイヤに腰掛け、葉っぱをむしりながらたくさん食べていました。12時40分頃には、食事終了。壁ぎわへトコトコと歩き、そのまま寝るのかと思いきや……スルーして寝台の方へと向かいます。

最近は壁ぎわ寝がブームでしたが、今日は寝台でお休みの気分のようです。

寝台の上で横になってあくびを一つ。うっすらと目を閉じてお口をペロペロ、満足そうなお顔です。まだまだ続く夏休み。今日もステキな一日になりそうですね、お嬢様。

05 タンタンと今は亡きお婿さんのやさしいエピソード

date 2021年 9月 15日

食欲が出てきた！

取材日の朝、タンタンの様子を、飼育員の梅元さんに聞いてみました。

「今朝は動きが機敏で良かったですね。食欲も出ていますが、竹が気に入らないみたいで」

先週の竹は、大変お気に召したようなのですが、今回はあまり気に入ってないとのこと。

「同じような条件の竹でも、ダメな場合もあります。そのへんが彼女の難しいところですね」

今朝食べていたのは、孟宗竹《モウソウチク》。夜にあまり食べなかったため、おなかがすいて目が覚めてしまい、残った竹しか食べるものがなくて「しゃあないわ……（仕方ないわ）」といった様子で、食べていたのだそう。

「おなかがすいて目が覚めるということは、食欲はあるんです。根曲竹《ネマガリタケ》をあげたら、完食していましたから」

サトウキビジュースを飲んでいます※

2代目コウコウ※

なんにせよ、食欲が出てきたのは良いことですね、お嬢様。

サトウキビジュースは、みんなを救う

最近のタンタンのお気に入りは、なんと言ってもサトウキビジュース。甘みがあるからか、薬を入れてもよく飲んでくれるので、飼育員さんたちはとても助かっているのだとか。

公式ツイッターでは、器に入れたときと、寝室の水飲み場での飲み方の違いも紹介されていました。ジュースの中には、錠剤を乳鉢で粉状にすりおろして混ぜています。

「水飲み場は時間が経つと、深い所に薬が沈んでしまうので、キチンと薬を飲ませるためには、器の方がいいんです」

しかし通常は、タンタンが部屋に入るのに合わせ、水飲み場で飲ませることが多いのだそう。

「水飲み場の方が薬の気配が薄れて、タンタンに怪しまれていない気がするんですよね」

大好きなジュースでさえ、まだまだ疑ってかかっているのですね。それでもジュースがあるから、薬を飲んでくれているわけで……。

「このジュースのおかげで、しっかり薬を飲んでくれて、僕らのストレスも減りました。パンダに限らず、動物への投薬は本当に難しいんですよ」

最近はジュースを多めに入れているため、あまり怪しまず素直に飲んでくれるのだとか。

パンダ団子については、いまだに薬が入っていないか疑っているそうで、1回ずつ舌でなめて、確認しながら食べているそうです。どれだけ疑り深いんですか、お嬢様。

「最近、団子には薬を入れてないいんですけどね……。タンタンは本当に難しい。これがコウコウ(興興)なら、気にせず食べたんでしょうね」と、嘆く梅元さんなのでした。

やさしいパンダ、コウコウ

今は亡き2代目コウコウ（興興）は、2002年に来園したタンタンのお婿さんで、中国名は龍龍《ロンロン》と言います。1995年9月14日に臥竜繁殖センターで生まれ、2002年12月にタンタンのパートナーとして来園。2010年9月9日、人工授精用の精子採取のための麻酔から覚醒する際に心肺停止となり、そのまま息をひきとりました。

「コウコウは、やさしくて、なんでも食べるパンダでしたね」

とてもおっとりした性格だったようで、お見合いの際にタンタンに「ワン！」と吠えられて、すごすごと引っ込んでしまったというエピソードもあります。

2003年から2010年までは、人工授精にてタンタンとの繁殖にチャレンジ。しかし、2007年に生まれた子は死産。2008年には無事出産に至りましたが、残念ながらこどもは生まれて4日目に天国へと旅立ちました。

梅元さんがコウコウの飼育に関わったのは、1年と少し。

「ごはんの時間になると、遠慮がちに小窓から『そろそろじゃないですか?』と顔を出す様子が、すごくかわいかった。タンタンとは、ひと味違う圧ですね」

タンタンと隣同士で屋外展示場にいたときは、お互いが格子越しに見合っていたことも、記憶に残っているそうです。亡くなった際には、別れを惜しむファンが集まり、園内には献花台が設けられ、追悼写真展も開かれました。

やさしいコウコウ。一人で過ごすタンタンを、赤ちゃんたちと一緒に、今でも空から見守ってくれているかもしれませんね。

あくまでもタンタンファースト

現在は心臓疾患で闘病中のタンタン。高齢なこともあり、ファンの間からは「非公開にした方が、負担が少ないのでは?」という声も上がっています。実際のところはどうなのでしょうか。

「現在はタンタンの様子を見ながら、大丈夫と判断して公開しています」

来園してから、ずっとこの環境で過ごしているタンタン。お客さんの存在が、大きなストレスになることはないようです。とはいえ、気軽に園を訪れることが難しい今、みんなタンタンのことが心配なのです。

まるで大きなぬいぐるみの
ような座り姿

壁ぎわにゴロン

「いろいろな考え方がありますから、そういう意見（非公開）が出るのも当然です。みなさんがタンタンのことを、真剣に思ってくれていてうれしいです。僕らも、観覧のためにタンタンに無理をさせるつもりは、ありません。本当のところはタンタンに聞かないと、分かりませんけどね」と、話しながら、もしタンタンがしゃべれたなら、いろいろとお小言を言われそうだと笑います。

もし言葉が話せたら……きっと一番に言いたいのは、チームタンタンへのお礼ですよね、お嬢様。適度なストレスは、判断力や行動・認知能力のパフォーマンスを引き上げるのに役立つといいます。現在の園での生活が、タンタンにとってよい刺激になっていればうれしいですね。

もうすぐ26歳のお嬢様

取材日は晴れで、抜けるような青空。最高気温は31度と真夏日でした。パンダ館の開館時間、11時過ぎの気温は27度。開館を待つ人たちも、みんな日傘を差していました。

11時30分頃、寝台の上で何かを待っているようなタンタン。そろそろおなかがすいたのでしょうか。寝台を下りて、入り口付近で「まだかな」と、圧をかけ始めます。

そのうち、壁にもたれて座ったタンタン。得意のおなかポンポンでリズムを取っていました。お客さんからは「置物みたい！」と声が上がります。

11時40分頃には、エサ交換のためにいったん寝室へ入ります。そして部屋に再登場した後は、体重計へまっしぐら。上には、ブドウ、ニンジン、パンダ団子が置いてあります。タンタンは、大好きなブドウからパクリ。その後、ニンジンをくわえて後ろ向きに。耳をピクピク動かしながら、おいしそうにニンジンを食べています。お次は両あしでニンジンを持つ二刀流。よほどおなかがすいていたのでしょうか。食欲旺盛なようで安心しましたよ、お嬢様。

最後はパンダ団子をいただきます。前あしで持ったまま、しばらくじっと見つめていましたが、まだ薬入りだと疑っているのでしょうか。

11時50分頃には、竹を食べ始めました。まずは矢竹《ヤダケ》。この竹は、弓道の矢の素材として使われる竹だそうで。なるほど、まっすぐで丈夫そうです。

そうこうしているうちに、梅元さんが観覧通路に様子を見に来ました。

「思ったより食べていますね。ただ、竹を選んでいる感じはありますね」

今日はあまり竹を気に入っていないようだったので、ニンジンやブドウをちょっと多めにしたのだそうです。おいしいものがたくさんでよかったですね、お嬢様。

その後は、壁ぎわでゴロンと転がってお休みになりました。

さて、来る9月16日は、タンタン26歳のお誕生日。今年は二人の飼育員さんと園の関係者だけで、そっとお祝いする予定なのだそうです。

「去年が大々的すぎたので、基本的には、僕と吉田さんと二人で用意しようと話しています」

神戸で迎える最後の誕生日になるはずだった昨年、２０２０年25歳の誕生日には、パティシエの力作ケーキを華麗にスルー。にぎやかすぎてタンタンがすねてしまうという、まさかの事態に。通路で待ち構える報道陣をよそに寝台に上り、10分ほど寝ていました。その後やっと動きだしたタンタンに、吉田さんはホッとした表情で「空気を読んでくれてありがとう」とコメントしていました。

コロナ禍に心臓疾患でタンタンも闘病中と、誕生日を手放しで喜べる状態ではありませんが、今年も神戸でお嬢様の誕生日をお祝いできること、やっぱりみんなうれしいのです。

06 誕生日のお祝いムードの中「爆睡」するタンタンの姿がかわいすぎる

date 2021年9月22日

26歳のお誕生日

２０２１年9月16日。タンタンは26歳の誕生日を迎えました。コロナ禍や心臓疾患などの状況

「かき氷風ケーキ」※

「かき氷風ケーキ」は、9月13日のパンダ館閉館後にプレゼントされました※

「たんたんハンバーガーセット」※

「たんたんハンバーガーセット」は9月14日にプレゼントされました※

を考慮し、例年のようなお誕生会は開かれませんでしたが、当日はたくさんのファンが駆けつけ、にぎやかな誕生日となりました。

飼育員の梅元さんも「手放しですべてを喜べる状況ではありませんが、今年も誕生日を神戸でお祝いしてあげられることは、素直にうれしい。体調のこともありますので、昨年ほど盛大にはしてあげられませんが、気持ちだけでも昨年以上のおめでとうをたんたんさんに伝えられたらと思います」と話します。

そして今回、二人の飼育員さんは、タンタンに2つのささやかなプレゼントを用意していました。

2種類のプレゼント

じつは最初、誕生日のプレゼントはかき氷のみの予定でした。しかし、毎年、誕生日のごちそうのアイデアを出しているお嬢様のパティシエ、吉田さんはプレゼントについて悩んでいました。

「いまだに完成が見えず、分かりません」と、吉田さん。

最初に思いついたかき氷は、台湾の「雪花冰《シュエファービン》」のように、フワフワにしたかったのだそうですが、思ったとおりにならず、思い悩んでいたそうです。そんなとき、タンタンにあげるナシをカットしていて、その形状から思いついたのがハンバーガー。そこからイメージ図を描いて、梅元さんに説明しました。

「おもしろい！」と、乗り気の梅元さんでしたが、吉田さんにしてみれば、最初のかき氷案も捨てがたく……。「そんなに悩むなら、2つとも作ったら？」と、梅元さんに背中を押され、2種類のプレゼントを、2日に分けて渡すことにしたそうです。

プチお誕生会の様子

誕生日前にささやかな、プチお誕生会が開催され、二人の飼育員さんらが、パンダ館の通路から静かにタンタンをお祝いしました。

9月13日のパンダ館閉館後にプレゼントされた「かき氷風ケーキ」は、かき氷の形に固めた氷に、リンゴとナシを凍らせたものを削ってトッピング。そこに、モモやブドウなどを飼育員さんが二人で丁寧に飾り付けていきました。パンダ団子でできた「26」のプレートをセッティングし、その上に、さらにフワフワの氷と、くだものを削ったものを盛り付けて完成。器の下には竹の葉を敷き、見た目にもこだわった一品です。

愛情がたっぷり詰まった、力作のかき氷。タンタンは一口かじった後、丁寧に前あしで崩しながら、夢中で食べていきました。タンタンの食べっぷりを見て、何度もうなずく吉田さん。気持ちが通じた瞬間です。

「タンタンが喜んで、特別なのかな？　と、分かってくれればいいなと思います」

もう一つのプレゼント「たんたんハンバーガーセット」は、翌日の朝にプレゼントされました。ナシをハンバーガーのバンズに見立て、パンダ団子のパティに、トマトをイメージしたリンゴ、ベーコンに見立てたニンジンと、レタス代わりの竹の葉を重ねています。サトウキビで表現したポテトと、大好物のサトウキビジュースもセットに。こちらも気に入った様子のタンタン。モグモグとおいしそうに食べていました。２日続きのごちそう。タンタンにも特別感が伝わったのではないでしょうか。

タンタンに伝えたいこと

こうして２つのプレゼントは大成功。飼育員のお二人に、タンタンとの今年の思い出を聞くと、梅元さんは、「今年は僕が担当になって初めて、治療に専念する年になりました。毎日の検査や、これまでにない長期の投薬、今まで以上の行動観察や健康管理など。現在も継続中ではありますが、そのすべてが、たんたんさんとのかけがえのない思い出と言えるものだと思っています」。そして、26歳になったタンタンへのメッセージとして「検査や投薬などもあり、あなたが一番つらいし、身体もしんどいし大変だと思います。それでもこれからも、あなたと『また明日ね』を

タンタンのために竹をセッティングする
吉田さん（左）と梅元さん（右）

パンダ館のお誕生日飾りはボランティアさんが飾り付けてくれました

神戸市立王子動物園（公式）
@kobeojizoo

今の状況で、たんたんさんに会いに来れない方なども、この動画や写真を見て、少しでも　#たんたんさん生誕祭
を一緒に楽しんでもらえれば、僕らもとても嬉しいです！
是非、こちらにたんたんさんへのおめでとうメッセージを届けてあげてくださいね😆

#心はいつも一緒に
#王子動物園

午前9:30 · 2021年9月16日 · Twitter Web App

お誕生日当日のツイート
（神戸市立王子動物園公式ツイッターより）

続けていけるように、一日一日を一緒にがんばって行ければと思っています」と、話します。

一方、吉田さんは「こんな状況で複雑ではあるけれど、26歳の誕生日を王子で迎えられてよかったのかなという思いもあります。がんばって薬を飲んで、無理せず、思うように過ごしてください」と、メッセージを寄せてくれました。

二人とも、やはりタンタンの心臓疾患のことが印象に残っているようです。

「#たんたんさん生誕祭」のタグを付けた公式ツイッターにも、ファンからたくさんのメッセージが寄せられました。

梅元さんも「いただいたメッセージは、すべて読んでいます。本当にたくさんの人に思われて、タンタンは幸せ者ですね」と、うれしそう。

投稿に添えられた「#心はいつも一緒に」のタグもステキです。

同園には、お祝いの手紙や色紙もたくさん届いているそうで、広報担当の木下博明《きしたひろあき》さんが、「どういう形でも、タンタンにメッセージは伝わっています」と話してくれました。

タンタンペースな日

お誕生日の翌日は小雨で、11時の気温は23度。台風が近づいていることもあり、天気は不安定で強風や雷注意報も出ていました。朝のトレーニングと検診では、なかなかやる気が出なかったというタンタン。

梅元さんも「雰囲気から、今日はダメかなと思ったんですが、想像以上にダメでしたね」と話します。午前がこうだと、午後もダメなことが多いそうで。

「無理やりやらせてストレスになってもいけないので、必要な検診は午前中に終わらせました」

午後はトレーニングも行わない予定だそう。楽しかったお誕生日。たまにはそんな日もありますよね、お嬢様。

11時30分頃には寝台でお休み中。そんなタンタンを見て「ほかのタンタンを見よう！」と、小さな女の子。残念、タンタンお嬢様はここにしかいないんですよ。

パンダ館はお誕生日飾りでとてもにぎやかな様子。同園が中華人民共和国駐大阪総領事館と中国ジャイアントパンダ保護研究センターと共同で開催している『タンタン幼少期写真展』では、幼いタンタンの貴重な写真に見入っている方も多く見られました。当日は総領事館から、タンタンのバッジ、誕生日カード、タンタンのあしをモチーフにしたメッセージカードなどが用意され、園内で配布されました。

じっと寝ていると思ったら、おもむろにゴロンと寝返りを打ったタンタン。その口元に光るのは、ヨダレ……。

「たまにありますよ。熟睡している証拠ですね」

そうなんですね。ゆるみきった寝姿もキュートです、お嬢様。

12時過ぎにはお目覚め。自分でヨダレをきれいになめ取って、何かを待っているご様子です。寝台を下りると寝室の扉の前へ。そのままじっと圧をかけながら座り込みます。そして最近お得意のおなかポンポンポン。座ったまま、右前あしでおなかをたたいてリズムを取っていました。ポンポンしながら、ときおり舌をペロリ。目の前に、食べ残した竹がありますが、気に入らないものは食べません。そして新しい竹が出てこないことにしびれを切らしたのか、再度、扉に向かって圧をかけ始めました。

あれれ？ 2度目の退場

タンタンの思いが通じたのか、12時30分頃に寝室の扉が開き、いったん中へ。その後は新しい竹がセットされた室内へ、颯爽と再登場。待ってましたとばかりに、ニンジンをパクリ。2本まとめて左右に持ち、大満足な二刀流！ です。お次は、女竹《メダケ》を持ってしっかりと吟味していましたが、気に入らなかったのか、あまり食べず。

「すいませ～ん、竹チェンジで～！」と言わんばかりに、また扉に向かって圧をかけ始めました。竹が気に入らないと、飼育員さんに抗議しているのです。

そして、まさかの2度目の退場。体重計には新しいパンダ団子とリンゴが置かれましたが、竹は洗ってそのまま再利用となりました。

同じ竹でも、洗うと食べることがあるのだそうです。再登場したタンタンは、パンダ団子を一つ食べて、竹の方へ。あれ？　大好きなリンゴに手を付けないとは、珍しいですね、お嬢様。

梅元さんによると、「あれは朝のトレーニングで残したリンゴなんですよ。タンタンの嫌いな種が入った部分。目ざといなぁ」とのこと。

一方、洗っただけの女竹《メダケ》は、何とか食べている様子。

「洗うと水分が付くし、気になるニオイなども取れるんです」

そういえば、先日、「神戸のお嬢様」を「神戸の女王様」と空耳する機会がありました。似非なる言葉ですが、「女王様も、あながち間違いではないかもしれません。うちではあの子のワガママは、大抵通りますからね」と、梅元さんは笑います。

リンゴが嫌なら、ナシをあげ、竹が嫌なら交換する。飼育員さんたちはこれからも、お嬢様のワガママに付き合っていく覚悟だそうですよ。うれしいですね、お嬢様。

07 トレーニングすると見せかけて……タンタンの「逃走劇」が面白すぎる

date 2021年10月20日

お嬢様は、駆け引き上手

「トレーニングがんばります！」とやる気満々でトレーニンググルームに入り、ご褒美のリンゴだけを取って逃走する。そんなタンタンと飼育員さんたちのやりとりが、公式ツイッターで公開されていました。

「僕ら、見えないところでけっこうタンタンにやられているんですよ」と笑う梅元さん。

「ツイッターのときは、吉田さんがやられて『リンゴだけ持って行って、そこで食べよんねん〜』と悔しそうでしたね」

もう一人の飼育員 吉田さんも、タンタンに翻弄されているようです。

中に入らないときは、トレーニンググルームの入り口に、ブドウを置いてタンタンを中に誘い込むこともあります。そんなときタンタンは、入り口が閉まらないように、戸の部分に後ろあしを置き、ブドウを口でくわえて、外へ持っていって食べてしまうのだとか。なかなかの策士です。

寝室の扉の所にあしを残して、戸が閉まるのを防いでいる様子。トレーニングルームでも同じことをしています。

「僕らもやられてばっかりじゃありませんよ。タンタンのあしがギリギリ届かないくらいの所に、ブドウを置くなどして工夫しています」

控えめなおみ足を、ギリギリまで伸ばして……。そんな飼育員さんとの駆け引き、ちょっと楽しんでいませんか、お嬢様。

最近はやる気満々

最近のタンタンは、打って変わってやる気満々。自らトレーニングルームの入り口へ行き、待っていることもあるのだそう。

「最近は、トレーニングルームは嫌な場所という気持ちが、緩和されたのかもしれません」

心臓疾患の治療が始まってからは毎日、トレーニングルームで獣医師さんの健診が入るようになっていました。ハズバンダリートレーニングだけなら、5分から10分ほどで終わるところ、健診となるとやはり勝手が違い、どれだけ手早くしても20分から30分はかかってしまいます。時間がかかる上に、普段はいない獣医師さんたちがいる。タンタンにとっては、少しストレスを感じ

トレーニングの秘密兵器「あご置き」に前あしを置くタンタン※

「眠いけど、食べたい……」

リンゴを持って、トレーニングルームから逃亡したタンタン※

る部分もあったのかもしれませんね。

最近は状態も落ち着いてきたため、健診を減らしてご褒美を多めにあげるなど、タンタンにとって、トレーニングルームが嫌な場所にならないように気を配ってきたのだとか。

「トレーニングルームに入らないときや、出て行ってしまうときは、タンタンが本当に嫌だと思っているときなので、無理強いはしません」

獣医師さんたちも、タンタンの気分に合わせて、健診の日をずらすなどの対応をしてくれています。タンタンの気分を優先してあげることで、唯一無二の信頼関係が築けているのです。今朝も朝食後に屋内に戻った後、トレーニングルームの入り口を開けたら、素直に入ってきたそうです。やるときはやるのですよね、お嬢様。

お嬢様と無限リンゴ

ハズバンダリートレーニングの強化子《きょうかし》（ご褒美）として与えられるリンゴ。先日の公式ツイッターでは、「止まれ」の指示に従いながら、次々と口にリンゴを入れてもらうタンタンの姿がアップされていました。

「あの動画の下では、獣医が聴診とエコーをしていたんですよ」

あまり待たせると、獣医師さんの方に注意が行ってしまうので、少し早めのタイミングでリンゴをあげていたのだとか。「止まれ」ができたら、次々とリンゴがもらえる。まさに無限リンゴですね。おいしかったですか、お嬢様。

トレーニングの秘密兵器は、オリのすき間に取り付けられた「あご置き」。最近は前あしを置くのにも使用しています。

「ずっと両手でオリをつかんでいるので、あそこに前あしを置くと楽なんでしょうね」

あご置きの新たな使い方を発見したお嬢様。飼育員さんたちからのステキなプレゼントが、すっかり気に入ったようですね。

眠り姫のおめざめ

取材日の天気は晴れ。最高気温27度の夏日でした。パンダ館開館時、11時の気温は24度。日差しが厳しく、パンダ館の外には日傘の列ができていました。

タンタンは、観覧開始後もしばらく夢の中。寝台の上でぐっすりと眠っていました。ランチの時間を過ぎても起きてこない眠り姫のかたわらに、飼育員さんが近寄ってそっとリンゴを置きます。そろそろお昼です、何か食べませんか、お嬢様。

リンゴの香りに気づいたのか、タンタンは寝転んだまま、薄目を開けてリンゴをモグモグ。さらにニンジンも、そのままの姿勢で食べていました。まだ近くにリンゴが置いてありますが、眠そうな目のタンタン。そのうちに起きだして、すべてのリンゴをペロリと完食しました。

そのまま、また眠るかと思いきや、寝台に座りました。

のんびりと座るタンタンに、小さな女の子が「パンダちゃーん！」と話しかけています。まるで、じっと話を聞いているかのような様子のタンタン。女の子はお母さんに「パンダさんとお話しできて、よかったね」と、言われてとてもうれしそうでした。

その後は寝台を下り、体重計に置いてあったニンジンをモグモグ。用意された竹には目もくれず、寝室の入り口の方へ歩いて行き、寝室の扉に向かって圧をかけます。さらにそのまま扉を背にして座り込み、右前あしでおなかをトントン。独特のリズムを刻みます。そのうち入り口に顔を近づけ、中の音を聞いているようにも見えました。

あれれ？　出てこない

13時05分には寝室の扉が開いていったん退場。室内にニンジンと新しい竹が置かれ、扉が開きました……が、タンタンはなかなか出てきません。

寝室の中をのぞくと、壁ぎわに座り込んで前あしをペロペロ。どうやらサトウキビジュースを飲んでいたようです。きっと前あしに、おいしいジュースが付いていたのですね、お嬢様。

それにしても、寝室の赤っぽいライトに照らし出され、なんとなくホラーな色合いのタンタン。これが朝、飼育員さんをびっくりさせる姿なのですね……。そのまま5分ほど寝室でくつろいだ後、室内へ出てきてニンジンを完食。竹の方へ移動します。その後は、味にうるさい竹の匠に変身。しっかりとニオイをかいで竹を吟味しては、選び抜いた竹の葉っぱを食べていました。

たくさん食べた後はお昼寝です。13時21分頃、壁ぎわへ背中を向けて床でゴロン。まるでエクササイズをするように、ピンと伸ばした後ろあしを上下させながら、眠りにつきました。食べて寝てが、いつものタンタンのリズム。今日ものんびり過ごせましたか、お嬢様。

08

date 2021年 12月 1日

突然の観覧中止はなぜ？ 神戸市立王子動物園が〝お休み〟を決めた理由

突然の観覧中止

2021年11月22日から、タンタンの観覧が中止となりました。理由は体調管理のためだそう

タンタンの気が向くまで待ちます
（神戸市立王子動物園
公式ツイッターより）

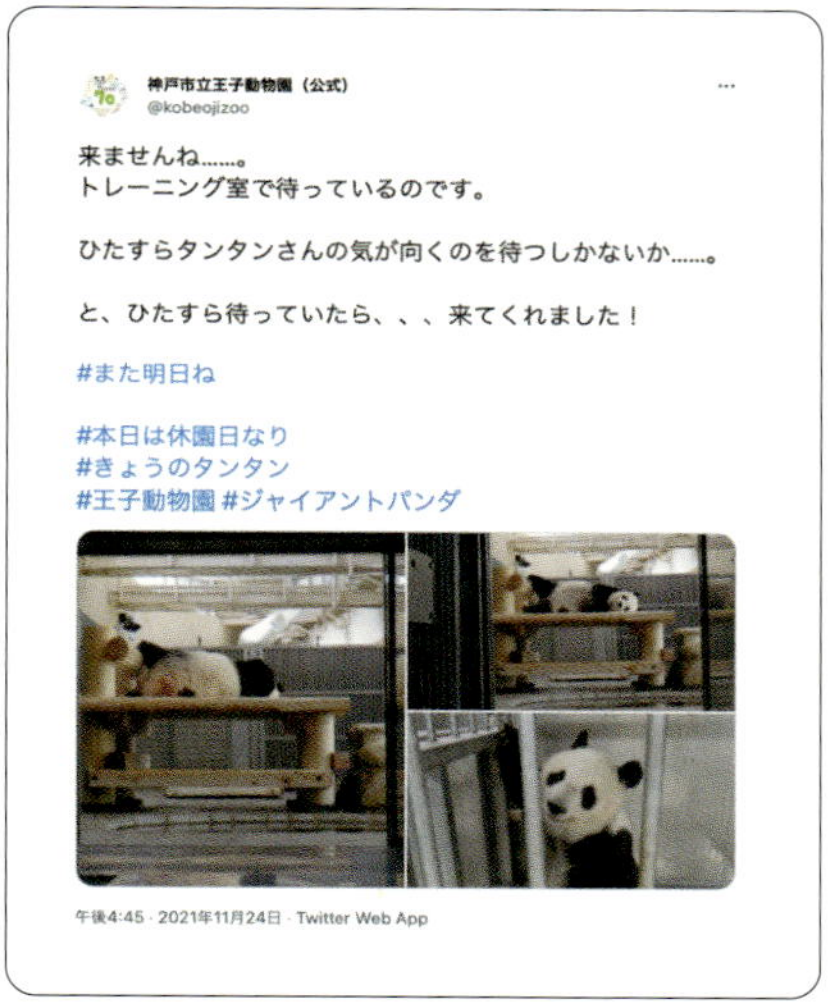
神戸市立王子動物園（公式）
@kobeojizoo

来ませんね……。
トレーニング室で待っているのです。

ひたすらタンタンさんの気が向くのを待つしかないか……。

と、ひたすら待っていたら、、、来てくれました！

#また明日ね

#本日は休園日なり
#きょうのタンタン
#王子動物園 #ジャイアントパンダ

午後4:45 · 2021年11月24日 · Twitter Web App

トレーニングルームで、
ごろ～んとリラックス※

ですが、先日も観覧中止になったばかり、しかも突然のことで、びっくりした方も多かったと思います。現在のタンタンの様子はどうなのでしょうか。

広報担当の木下博明《きしたひろあき》さんによると、「現在、タンタンの体調を把握するため、毎日診察や検査などの健康管理を行っていますが、決まった時間にトレーニング室に入らないなど、健康管理を十分に行うことができないことがあったため、観覧を中止しました」とのこと。タンタンがトレーニング室に入るタイミングに合わせて診察や検査をするために、やむなく観覧を中止にしたのです。

そういえば以前から、気が向かないときにはトレーニング室に近寄らなかったんですよね。もう一人の飼育員 吉田さんの手から、ご褒美のリンゴだけを奪い取って、逃げたこともありましたっけ。目に見えて体調に変化があったということではないとのこと。体調の悪化ではないようで、ひと安心です。

観覧再開予定と「#きょうのタンタン」

タンタンは観覧休止の今、どう過ごしているのでしょうか。

梅元さんは「特に普段とは変えていませんよ。変わりなく寝て食べてと、のんびりと過ごしてもらっています」と、話します。毎日のんびりとお過ごしのお嬢様。もちろん、ゆっくりお休みしていただきたいのですが、いつになったら会えるでしょうか。

広報の木下さんによれば「診察や検査が十分にでき、観覧が可能な状態と判断すれば再開する予定です」とのこと。観覧再開の際には、公式ツイッターとホームページでお知らせしてくれるそうです。すべてはタンタンファースト。タンタンのことは、一番近くで支えているチームタンタンにお任せして、私たちはじっとお嬢様に会える日を待ちましょう。

観覧中止の間も、公式ツイッターではタンタンの様子を伝える「#きょうのタンタン」が公開されています。元気そうな様子に、励まされているファンも多いかと思います。ツイートを主に担当している梅元さんはこう語ります。

「今回の観覧中止は、タンタンが調子を崩したからではなく、そうならないための処置です。『#きょうのタンタン』を、楽しみに待ってくれている方々もいますので、タンタンの状態に問題がない限り、できるだけツイートをアップしていきたいと思っています」

ツイートがアップされているということは、タンタンが問題なく過ごしているという証。梅元さんも吉田さんも、タンタンのお世話で忙しい中でのお気づかい、ありがとうございます。

「今までと同じく『#きょうのタンタン』を見て、少しでも楽しいとかホッコリとした気持ちに

トレーニングルームを見ていますが、入りません※

お嬢様、ヨダレが……

なってもらえればいいなと思いながら作っています」と梅元さん。

タンタンに会えずに泣き顔になっている方々も、これを見て笑顔になれば。お嬢様の周りには、いつでもやさしい空気が流れていますね。

変わる動物園

2021年で開園70周年を迎えた王子動物園。先日、園内のレストラン「パオパオ」と「カレー王子」、売店「こどもプラザ」が、建物の老朽化を理由に閉店しました。パンダ館からも近いこの施設。早々に取り壊しが始まるようですが、タンタンに影響はないのでしょうか。

「解体作業は、まだ始まっていませんが、解体する建物は木造なので、激しい騒音は発生しない予定と聞いています。場所も少し離れていますし、よほど大きな音や振動がない限りは大丈夫ですよ」

もし工事によってタンタンに影響が出るようなら、園やチームタンタンもきっと黙ってはいないでしょう。レトロな雰囲気の遊園地は、1951年の開園以来、園を訪れる人々に親しまれてきました。パンダのジェットコースターやパンダの乗りカゴがある大観覧車など、神戸とパンダのつながりを感じられる場所でもあります。

今回のリニューアルでは老朽化した遊園地を廃止。跡地に立体駐車場を設置することが再整備基本方針の素案に盛り込まれ、同園を愛する人々からは反発の声も出ています。

リニューアルにあたっては、園の展示にも動物たちが快適に暮らせる「動物福祉」の観点を取り入れて改善を加える方針ということですが、人も動物も、みんなが変わらず笑顔で過ごせる園であって欲しいですね。

本日のお嬢様

取材日の朝、いつもどおり目を覚ましていたというタンタン。

「特に変わりなく過ごしています。いつものように朝のあいさつをしに行くと起きてきて。今朝はニンジンを食べました」

食欲もあるようで、何よりです。この日は吉田さんがお休み。梅元さんが一人で仕事をする〝一人日〟です。ところでタンタンの接し方が梅元さんと吉田さんとで違うそうです。

「各々一人日のときに、タンタンの様子を見た獣医さんが思ったことなので、あまり詳しい違いは分かりません」とは梅元さん。

なるほど、それぞれ二人きりのときだけ態度が違うのですね。どういう風に変えているのか、今度こっそり教えてくださいい、お嬢様。

第3章

お嬢様にははかないません

date 2021年 12月 15日

01 猛獣と人間だからこそ……タンタンと飼育員さんの「距離感」が絶妙なワケ

お手手を出して、ごめんちゃい!

困ったように頭の上に前あしを置いた、なんともかわいらしいポーズのタンタンが、公式ツイッターで公開されました。

ツイートには「カキが待ちきれなくて、お手手出してごめんちゃい」のひとことが。

このツイートの一つ前の動画には、エコー検査中、ご褒美のカキ欲しさに思わず前あしをオリの外に出してしまったタンタンの姿が映っていました。のんびりとした姿を見ていると、忘れがちなのですが、パンダはツメもキバも鋭い猛獣なのです。

「カキをロックオンした目をしていたので、たぶん早く欲しくて思わず手が出ちゃったんでしょうね」と梅元さん。

ケガがなくて何よりでしたが、普段タンタンに接するときは、どういうところに気をつけてい

反省のポーズ？※

カキが欲しくて、
つい前のめりに※

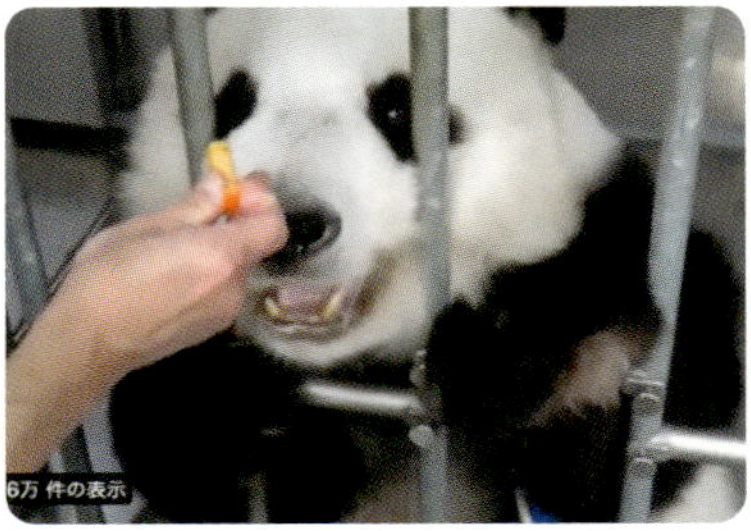

距離感が大事です※

るのでしょうか。

「一番気をつけているのは、タンタンとの〝距離感〟です。言葉では伝えにくいのですが、近すぎず遠すぎず、お互いが安全な距離を取るということを、いつも心がけています」

適切な距離を取ることで、動物のストレスを減らし、人間側も無駄なケガをするリスクを回避することができるのだそう。

「ハズバンダリートレーニングでもそうですし、通常の飼育をするときでも、自分と動物の距離感を意識することは、とても大事なことだと思っています」とも、話してくれました。

信頼関係と気づかい

タンタンとお互いの距離感を大切にしているという梅元さん。一番気を遣うのは、ハズバンダリートレーニングや健診のときなのだそう。

「このときは、獣医など飼育担当以外の人がタンタンに触れることが多くなりますから、タンタンがなるべくストレスを感じないように気をつけています。他の人は、いつも世話をしている僕たち飼育員ほどには、タンタンとの距離感を作れていません。両方がケガをしないように、僕たちが注意しながらトレーニングや健診を行わなければならないので、そこに一番気を遣いますね」

お互い安心できる距離感というのは、すぐに構築できるものではありません。ましてや動物との信頼関係となると、ある程度の時間も必要でしょう。タンタンのトレーニングがうまくいっているのは、やはり長年の信頼関係があってこそ。普段からお世話をしている飼育員さんと獣医師さんが協力することによって、トレーニングや健診がスムーズに行われているのです。

反省のポーズ、じつは……

それにしても、かわいい反省のポーズ。一体どういうシチュエーションで出たものなのでしょうか。

「トレーニングが終わった後にしたポーズだったので、本人からしたら『やっと終わった～』という感じの、リラックスしたポーズなのかもしれませんね。ただ僕には反省のポーズのように見えたので、あのツイートを出しました」と、梅元さんは笑います。

そういえば動画の最後には、オリに向かってぐいーっと前のめりに「(カキを)もっとください」の圧をかける姿も映っていました。すっかりリラックスモード、本当にカキがお好きなのですね、お嬢様。

タンタンの気持ち

今でこそ、ちょうどいい距離感が取れているような梅元さんとタンタン。

しかし梅元さん曰く「今でも、毎回苦労の連続ですよ」。

タンタンの繊細な乙女心を受け止めるためには、やはりいろいろ気を遣うようです。

「いくら慣れてきたからといっても、お互いの気持ちをすべて理解することは、とても難しいことですから。それでも最初の頃に比べると、なんとなくですが自分の中で、タンタンの今の状態というか、気持ちを察することができるようになったと思います」

最初は、そのあたりが分からなかったそうで。

「僕のやり方のせいで、お互いが危うくケガをしそうになったこともありましたからね」

何か危ないことがあったときには、タンタンを叱ることもあるのでしょうか。

「よっぽどのことでない限り、叱らないようにしています。叱ることで、動物がトレーニングを、嫌なことと認識してしまう可能性がありますから。叱ることは、ハズバンダリートレーニングにとってあまり良いことではないんです。ただ『それはいけないよ』と、注意はしますよ」

動物をトレーニングする際、人間がケガをしてしまう原因は、人間側の不注意によるものが多いのだそうです。

「自分がケガをしないように、あらかじめこちらがキチンと準備して考えることが、重要なことだと僕は考えています。なので、そこで動物を叱るのは少し違うと思うんです。まぁそれでも、

「優しく注意されるのは、嫌いじゃないわ」※

「これ、いいでしょう？　お気に入りなのよ」。あご置きには前あしも置けます※

少し厳しめに注意しちゃいますけどね」と、笑いながら話してくれました。

タンタンお気に入りのあご置きと前あし置きは、人間側の安全性も考慮して作られたと聞いています。健診のやりやすさも向上したのでしょうか。

「かなり役立っていますよ。タンタン自身も、確実に楽になった感じですね」

なんというか、すべてはやさしさでできている。このやりとりを、お嬢様にも聞かせてあげたいと思いましたが、きっと聞かずとも一番よくご存じなのですよね、お嬢様。

ジュースが大好きなお嬢様

取材日は、まだ観覧休止の真っ只中。タンタンは梅元さんが出勤した際には、まだ眠っていましたが、声を掛けると、のそりと起きてきたそうです。

最近のお気に入りは、竹を敷き詰めたベッド。飼育員さんが用意してあげることもあれば、屋内運動場に置いてある竹を、自分で寝室に運び込むこともあるのだとか。淡河《おうご》の翁※たちが選んだ竹は、最高のベッドにもなるのですね。

そして、朝一番にはニンジンを召し上がったお嬢様。

「その日によって好みが変わりますが、相変わらずリンゴやカキは好きですね」

生のサトウキビを食べる機会も増えたようです。

「以前からたまに与えていましたが、最近は少しでも食べるものを増やそうと、サトウキビも頻繁に与えるようにしました」

ジュースと生、どちらが好きなのでしょうか。

「どちらも好んでくれていますが、食い付きを見た感じでは、今のところジュースなのかな？と思います」

手に付いたジュースをペロペロしている様子を見ると、少しも残したくないほどお好きなのでしょうね。

観覧休止中の日中は、よく夕方頃まで寝台で寝ていたというタンタン。非公開の時期も通路側のシャッターは、開けてあることが多かったそうです。

「観覧通路から観察を行うこともあるので、なるべく開けるようにしていました」

12月14日からは観覧が再開されましたが、もちろんタンタンの体調が最優先。竹のベッドで眠る姫がいるパンダ館には、今も緩やかな時間が流れているようです。

※淡河の翁／竹を選り好みするグルメなタンタンに、おいしい竹を提供してきたのが、「竹取の翁」こと、神戸市北区淡河町の「淡河町自治協議会笹部会」の3人。週3回、交代で新鮮な竹を収穫し、20年以上にわたり動物園へと届けてきた。「若い竹よりも、数年育ったほうがいい」などとタンタンの好みも熟知している。

02

date 2021年12月29日

タンタンの寝ぼけた姿が「最高にかわいい」「夢見ているみたい」と話題騒然

観覧再開でソワソワしたのは……

タンタンの観覧再開から約2週間が経ちました。その間、タンタンの様子に変化はあったのでしょうか。

梅元さんによると、「久しぶりの観覧に、タンタンがどんな反応を示すか心配していましたが、特に何も変わらず。相変わらずのマイペースで過ごしてくれていたので、ホッとしました。むしろ久しぶりの観覧でソワソワしていたのは、人間の方でしたね」とのこと。

取材時も、お嬢様はいつもとお変わりない様子。梅元さんがおっしゃるとおり、観覧再開でソワソワしたのは、私たち人間の方だったのですね。

新たな楽しみ、格子の扉

あんよピーン！　いつもより高めですね

格子のおかげで通路で日光浴もできます※

そういえば、タンタンのお庭への出入口に、新しく格子の扉が付きました。以前はすき間のない鉄扉でしたが、これなら外の様子を感じることができます。

「外の風やニオイなど、部屋とは違った刺激を感じて、日光浴もできます。タンタンも扉の近くに行き、外を見たりしていますよ。出たがる様子はないですね。外を気にすることはありますが、すぐ部屋に戻って行くので」と梅元さん。

お嬢様は、意外とインドア派のようです。

たまには、外で過ごすこともあるのでしょうか。

「体調を考慮して、寒い時期は控えていますが、今後は気候や体調を踏まえて検討する予定です」

お嬢様には、好きな場所で気兼ねなくのんびりしていただきたいですね。

「夜はあきらめ」深夜のパンダ館

夜のタンタンの様子を伝える「#深夜パンダ館」のツイート。最近よく目にするようになりました。これは、夜も活発に行動している証拠なのでしょうか。

「以前は、夜も寝てばかりだったのが、最近はけっこう動き回っています。あとは、竹を食べる時間が、夜間に変わってきましたね」

「タンタンは、たぶん竹交換の時間を把握していると思う」と言う梅元さん。

「もうこの時間からは、自分の好きなものは何も出てこないのが分かっていて、観念して食べているのではと個人的には思っています」

あきらめの竹……！　しかし食欲があるのはとても良いことです。最近はフンの量も増えてきたように思いますが、それだけごはんを食べているということでしょうか。

「そうですね、夜に竹を食べだしたことで、食事量も少しずつ増えています」

昼間は好きなものを、でも夜はちゃんとパンダらしく（？）竹を食べていらっしゃるのですね、お嬢様。

「#深夜パンダ館」のツイートでは、何も食べていないのに口をモグモグしたり、あしをモゾモゾ動かしたり。寝ぼけたようなお姿を拝見することも。

「たまに見かけることがあるのですが、変わった動きをしているので、たぶん寝ぼけていたのかな？　という感じですね。先のツイートの映像では竹の上で寝ていたし、何か食べている夢でも見ていたのかもしれませんね」と笑います。

体がつらいときは悪夢を見てしまうものですが、お嬢様の夢の中には、おいしいものが登場している様子。楽しい毎日を過ごされているようで、何よりです。

魔のトレーニングイヤイヤ期

前回の観覧中止の理由の一つは、タンタンがトレーニングルームに入るのを嫌がったためでした。しっかり健診を受けて、健康状態を保つためには、まずトレーニングルームに入ってもらうことが必須。ただ以前にも、トレーニングルームに入るのを嫌がった時期があったと記憶していますが、こういうときは、どうやってその気になってもらうのでしょうか。

「なるべくタンタンのストレスにならないように、トレーニングの回数を増減したり、入って来てもらえるように呼びかけたり、好きなものをあげて機嫌を取ったりします」

こうして、トレーニングルームは嫌な場所ではないということを、時間をかけて伝えていくのです。飼育員さんたちの努力が報われたのか、先日のツイートでは、トレーニングルームで、すっかりくつろぐタンタンの姿も見られましたが……。

「これは本当に、タンタンの気分によるところが大きいですね。なので、今が入ってくれる時期なだけで、またどこかでイヤイヤ期が来るだろうなとは思っています」

常に先のことを考えて、対策を練っていく飼育員さんたち。だてに10年以上、お嬢様の気まぐれに付き合ってきたわけではありません。もしかしたら、タンタン自身よりも、彼女のことをご存じなのかもしれませんね。

ごはんが待ち遠しいですか？

モニターに映るタンタン

本日のお嬢様

取材日は曇りのち雨。最高気温は13度、最低気温は5度で、夕方から雨の予報でした。朝、竹の上で寝ていたというタンタン。朝食にはニンジンを召し上がったようです。

観覧開始の11時。寝台に座ってお客様をお出迎えです。その後、まだ眠かったのかゴロンと横になりました。耳をピーンと立てながら、ときおり、目を開けて観覧通路を眺めています。じっとタンタンを見つめていた男性の「かわいいなぁ……」というつぶやきに、タンタンがパッと目を見開きます。まんざらでもなさそうに見えますが、もしや〝かわいい〟の意味をご存じなのですか？　お嬢様。

12時14分頃に起きだして、寝室を出たり、入ったり。そのうち中に入ったまま、寝室の扉が閉まりました。待望のごはんの用意ですね！　準備が整った後に再登場し、観覧通路に背を向けて座り、ニンジンを両前あしで持ってモグモグ。二刀流で召し上がりました。その後は竹に行くのかな？　と思いきや、目ざとくサトウキビを見つけてパクリ。小さなサトウキビも見逃さないとは。さすがです、お嬢様。

もうひと仕事！

12時29分頃には再び寝室へ入ります。その後は室内に出てきて、寝室の入り口に座りました。そして、そのまま寝室の中へ。寝室内を映すモニターを見てみると、中でゴロンと横になっていています。今日はこのまま寝てしまうのでしょうか。

寝室の入り口に向かって小さな男の子が「パンダー、起きて～！　ぼくが来たよ～！」と話しかけています。男の子の思いが通じたのでしょうか。タンタンは寝室から出て寝台の方へ。寝台に上ってゴロンと横になったまま、たまに薄目を開けて観覧通路を眺めています。

そして12時56分頃、寝台で座りだしました。その後寝台を下りて、再び寝室内へ。何かのおねだりでしょうか、寝室内から中にいる飼育員さんに圧をかけているようです。

カメラには慣れっこ

本日は、たまたまお嬢様のカメラ目線もいただきました。当たり前ですが、飼育員さんたちが撮影する写真は、カメラ目線が多い気がしますね、うらやましい限りです。タンタンもカメラを意識しているのでしょうか。

「ちゃんと距離を保ち、安全に配慮して撮影していますから、タンタンは気にしていないと思います。『あ～、また撮ってるなこの人』みたいな顔はされますけどね」と、笑う梅元さん。

カメラにはもう慣れっこなのですね、お嬢様。

取材日は平日で、観覧待ち時間は10分ほど。13時に観覧受付を終了し、最後のお客さんがパンダ舎を出たのは13時12分でした。お嬢様に無理のない範囲の観覧時間。少しお顔を見られるだけでも、私たちは幸せなのですよ、お嬢様。

03

date 2022年 2月 2日

「今は俺も甘々だよ」つい甘やかしちゃう飼育員さんの〝本音〟が尊すぎる

お嬢様のおみ足

以前、他園のパンダたちを見ていて「こんなにあしが長かったっけ……?」と、不思議に思ったことが。その話を梅元さんにすると「それは、タンタンの見すぎだね」と、笑われてしまいました。

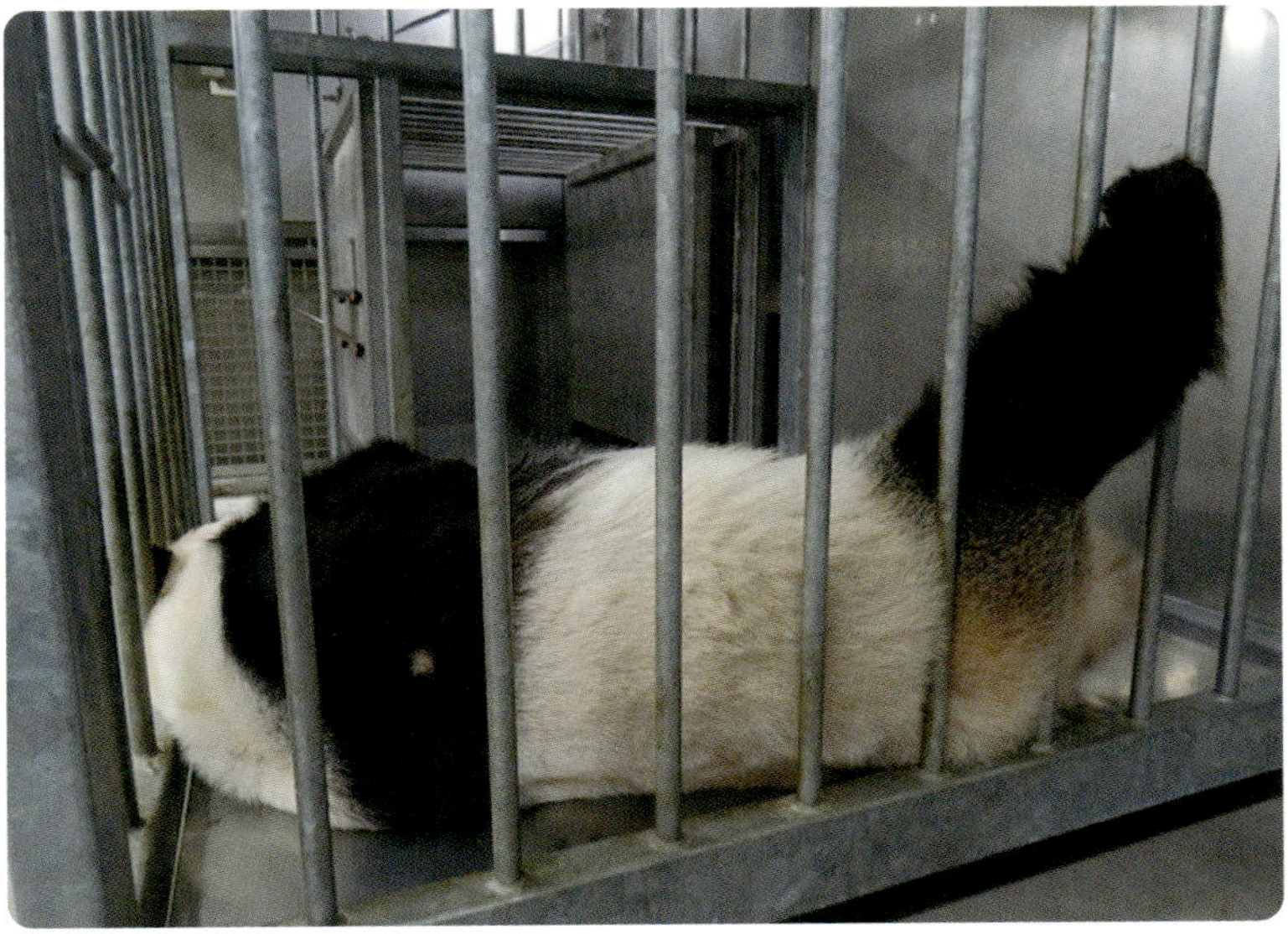

あれ？　おみ足長いですね……※

採血中です※

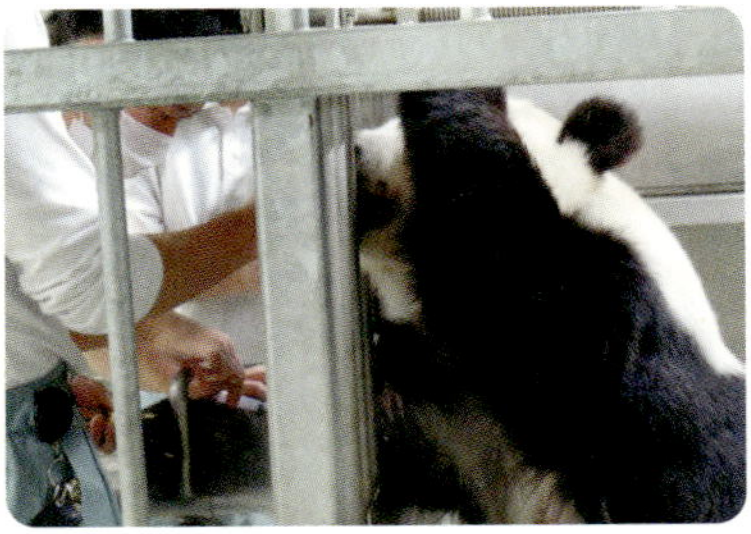

「その顔とニオイ……覚えたからね！」

そう、このちょっと控えめなおみ足は、タンタンならでは！　と言われる特徴の一つなのです。

しかし先日、公式ツイッターに、意外と足長な画像が公開されました。控えめとか言ってしまい、すみませんでした、お嬢様。

ほかにも、足長なタンタンが見られることはあるのでしょうか。

「あしを伸ばして、体をかくときなんかは長く見えますね。ただ、パンダは股関節が柔らかいので、どこまであしと言って良いのか……」

中国でも、タンタンのような体型のパンダは見たことがないそうです。

「僕は写真でしか知りませんが、タンタンのきょうだいも、ああいう体型ではなかったですね。タンタンは小柄であしが短く、こどものパンダに近い体型なんですよ」

デーンとあしを投げ出し、腰を落として座る〝パンダ座り〟ができないのも、このあしのため。あしをそっと前に出し、上品に座ってお食事をする姿は、まさに「神戸のお嬢様」。ずっと眺めていたくなる、魅惑のおみ足なのです。

人によって態度を変える!?

飼育員さん二人に対して、それぞれ態度を変えるというタンタン。梅元さんから、その真相を聞くことができました。

「一番分かりやすいのは、トレーニングのときですかね。僕はすぐにご褒美のリンゴをあげちゃうんですが、吉田さんはそのあたりちょっと厳しめかな。タンタンも人を見て、甘え方やタイミングを決めているというか……」

お二人とも基本的なやり方は同じ。しかし梅元さんは、ルールを守りつつ、タンタンの気分を損ねないように、ある程度柔軟にトレーニングを進めるタイプ。もう一人の飼育員 吉田さんは、ルール厳守。タンタンがイライラしたら、ブラッシングをするなどして、ご機嫌を取りつつ進めていくタイプなのだそう。

「甘やかすところは甘やかした方がスムーズというか。さっと安全に終わらせたいんです。僕はタンタンの気分を最優先にしていますので、吉田さんとは、ちょっとやり方が違うかもしれませんね」

しかし、吉田さんも「今は、俺も甘々だよ」と言っているのだとか。お二人とも、お嬢様のご気分を損ねないように、苦労されているんですね。タンタンはもともと意固地で、中国の飼育担当さんも「扱いが難しい」と言っていたそうです。

「タンタンはもともと我が強いタイプ。最近は病気のこともあり、ますます意固地になりましたね。なので、薬を与えるときにすごく苦労したんですよ」

お嬢様の気難しさは、折り紙付きのようですね。

好き嫌いがなく、性格も温和だったという2代目コウコウなら、もっと楽だったろうなと話す梅元さん。

「温和すぎて、発情期にはタンタンに『ワンッ！』って追い返されたんですけどね」と、笑います。タンタンの扱いに関しては「人間の女性と同じで、難しいですね」とお嘆き。乙女心は複雑。二人の飼育員さんは、今日もお嬢様に振り回されているようです。

ご機嫌ですか？

先日のツイートで、まるで「リンゴおいしい～です！」と言っているようなタンタンの姿が紹介されました。表情が豊かなタンタン。他にも、思っていることが顔に出ることはあるのでしょうか。

「一番分かりやすいのはトレーニングのとき、やる気のあるなしですかね。本当に細かい変化なんですけどね。僕と吉田さんには、その違いが分かるんですよ」

タンタンの気分によって、顔つきや目つきが全然違うのだそうです。ちょっとイラッとしているときは目つきもキツくなるようで。

「やったろか感みたいなものが、出ているように感じますね」

さらに、苦手な人が来たときも、バッチリ顔に出ます。

「獣医の中で、苦手な人が健診に来たときは、パッと顔を見て『お前か！』っていう表情をしますね」

タンタンを担当する獣医師さんは3名ほど。健診のメニューによって、来る人数が違うのだそうですが、タンタンが苦手とする獣医師さんは、採血や検査を担当しているため「嫌なことをするヤツ」として覚えられてしまっているのだとか。

「検査も、その後の消毒もすごく丁寧にしてくれて。それはいいことなんですが、タンタンにしてみれば『早くして！』という感じなのでしょうね」

いつか、獣医師さんの思いやりが、お嬢様に通じるように祈らずにはいられません。

お嬢様のモーニングルーティン

朝は、大体同じ時間に起きてくるというタンタン。

「眠っていても、僕らの気配やシャッターを開ける音で、すぐに起きてきます」

朝のお世話にルーティンはあるのでしょうか。

「朝イチは、薬入りのサトウキビジュースからですね。自分から欲しがっておねだりに来ますよ。一緒にニンジンなども用意するのですが、いつもジュースから飲んでいますね」

サトウキビジュースが大好きなお嬢様。薬を飲んでもらうために、あんなに苦労したのがウソのようですね。

寝起きも、とても良いのだそう。

「パンダはもともと野生の生き物。ボーッとしていたら敵に襲われる危険がありますから、そのへんはさっと起きますよ」

しかし天敵が少ないため、どちらかというと寝起きはゆるい方なのだとか。そういえば、たまにぼんやりした姿が公式ツイッターで公開されていますね。朝は甘い物をいただきながら、まったりと飼育員さんとの時間をお楽しみなのですね、お嬢様。

本日のお嬢様

取材日は晴れ。最高気温は9度、最低気温3度と気温は低いものの、日差しが暖かい日でした。朝はニンジンとサトウキビを食べたタンタン。11時の観覧開始は、寝台の上でぐっすりと眠り姫スタイルでのスタートとなりました。

時折、寝返りを打ちながらも熟睡している様子。観覧開始30分を過ぎても、一向に起きる気配はありません。12時頃に大あくび。目を開けて舌をペロペロ。そろそろランチの気分でしょうか。そのままうつぶせになり、起き上がって伸びを。やっとお目覚めのようです。

寝台を降りて、水場で水を飲んでリフレッシュ。開いた扉から、「おなかがすいたわ。そろそろ下に降りようかしら」とでも言いたげに寝室の中へ。扉の外へ片あしを外に残したまま、ちょっと中を警戒しているようです。寝室内では、朝に食べ残したサトウキビを発見。観覧通路からは見えない絶妙な位置で、おいしくいただきました。

小腹を満たしてお昼寝

12時20分頃、観覧通路の方をのぞいて、外に出るのかと思いきや、「やめた……」という具合にそのまま寝室で横になりました。

その後、すぐに寝室の扉が閉まり、体重計にニンジンとリンゴが用意されました。再登場したタンタンはニンジンめがけてまっしぐら。ニンジンをパクリとくわえて後ろ向きに。耳をピクピク動かしながら、味わっていただきます。

残りのニンジンを二刀流でいただいた後、今度はリンゴをモグモグ。その後、竹には目もくれずに寝室の中へ。そして、そのままゴロリ。

「こうなったら、もう起きませんね」

観覧時間の最後の15分ほどは、モニター越しに、お嬢様とのご対面となりました。

「いつもは寝台で寝るのに。こういうパターンは、珍しいですね」

気の向くままにまったりくつろぐ、そんなお嬢様にお会いできた日でした。

04

date 2022年 2月 16日

「嫌われちゃうのは、しょうがないかも……」獣医師さんのホンネがぽろり

苦手な獣医師、再び

公式ツイッターで紹介されていた、余裕の表情でエコーを受けるタンタンの動画。このときエコーを担当していたのは、タンタンが苦手とする獣医師さんです。

「獣医が部屋に入ってすぐは、警戒したような目つきで見ますね。でも、毎回敵視しているわけじゃないんですよ」

このとき、すぐ横には飼育員さんたちがいました。

「僕ら飼育員がタンタンの気を紛らわせている間に、獣医にしっかりと検査や腹部から水分を抜く処置をしてもらうんです」

採血や検査を担当する獣医師さんは、菅野拓《かんのひろき》さん。じつは梅元さんの同級生で仲良し。でもタンタンには嫌われちゃっているんです。

前あしが外に出すぎてしまっています※

「聞き分けは、いい方だと思うのよね」※

「週のうちに何度も採血や検査をしますからね、嫌われちゃうのは、しょうがないかもしれませんね。でも、それが獣医の仕事ですから」

時間に余裕があるときは、菅野さんからタンタンにリンゴをあげてもらい、お互いに慣れてもらうよう気を配っているのだとか。菅野さんの存在を警戒しつつ、もしかしたらタンタンも、何か感じているのかもしれませんね。

タンタンの「慣れ」

トレーニング用のオリに付けられた前あしを置くバー。公式ツイッターに公開された画像では、バーの間から顔や前あしが出すぎてしまっています。良くも悪くも扱いに慣れすぎて、ちょっと油断してしまっているのですね。

「しばらく使っていると、どうしても慣れが出てきてしまいますね。長年にわたりトレーニングを行ってきたタンタンであっても、一度、楽なやり方を覚えてしまうと、次からも楽をしようとします。せっかく今までできてきたことを、書き換えてしまうんですね」

そもそも、パンダは警戒心が薄く、環境への順応性も高いのだとか。

「野生下ではもっと警戒心が強いのかもしれませんが、そもそも天敵が少ないですし。動物園のパンダは、人の中で生きていますからね」

慣れが出すぎてしまったときは、どうやって元に戻すのでしょうか。

「ハズバンダリートレーニングと同じです。もう一度根気よく教えていき、できる限り動作にメリハリを付けるようにしています」

しかし、現在の健康状態を考えると、まずは健診を行うことが最優先。

「以前なら100パーセント直していましたけど、今はそれをする余裕がありません。タンタンの機嫌を損ねないことを優先しています」

心臓疾患を抱えるタンタンにとって、定期的に健診を受けることはとても大切。お嬢様に毎日気分よく過ごしていただく。それが最優先事項なのですね。

リンゴで分かるご機嫌

やる気満々でトレーニングルームに入ってくる、タンタンの様子も公開されていました。

「いい状態な証拠ですね。でも、やる気があるかどうかは、中に入らないと分からないんですよ」

タンタンの気分は、入ってきたときの雰囲気や表情で分かるのだとか。

「機嫌が悪そうだなと思ったら、とりあえずリンゴをあげてみます。それで食べない場合は、もうダメですね」

リンゴを食べた場合は、多少やる気がなくても、気を紛らせながら続けるのだそうです。

「無理にやらせると、タンタンがイライラしてしまって良くないんです。お互いにケガをしないことが一番大切なので」

安全にハズバンダリートレーニングを行うには、やっぱりやる気が大切。とはいえ、お嬢様の気まぐれに振り回されている飼育員さんを見ていると、ちょっとほほ笑ましい気持ちになってしまいますね。

本日のお嬢様

取材日の最高気温は11度、最低気温は4度。風は冷たいものの、日差しが暖かい日でした。祝日だったこともあり、観覧開始前には、パンダ館横の坂まで延びる長い列ができていました。

朝はニンジンをいただいたお嬢様。最近は孟宗竹《モウソウチク》時々、淡竹《ハチク》がお気に入りだそうです。

観覧は、寝台の上でぐっすりの眠り姫スタイルでスタート。休日のためか、親子連れが多く、タンタンに向かって、元気に「キリンさん！」と呼びかける男の子も。

……タンタンはね、じつはパンダさんなんだよ。

そんなお客さんたちに、タンタンからのサービス（?）も。控えめなおみ足をスッと上げて、下げて〝タンタン流エクササイズ〟を披露しました。

「何あれ、運動してるの？　かわいい！」

菅野さんが、こんな風に歓迎される日が来ますように※

初めて見た（であろう）お客様は大興奮です。

合間には大きなあくびも。まだ眠たいのですね、お嬢様。

ただ、ときおり薄目を開けて、寝室の方を気にしながらソワソワ。ちょうどランチタイムです。寝室の扉が閉まるのを確認すると、さっと起き出し、寝台から降りて閉じた扉の前で圧をかけると、すぐに扉が開いて、そのまま退場しました。

ニンジンでランチ

タンタンと入れ替わりに梅元さんが登場し、タイヤの辺りに散乱する食べ残しの竹やサトウキビの残骸をお片付け。そして体重計の上に、ニンジンを置きました。

少し寝室でくつろいだ後に再登場したタンタンは、ニンジンめがけてまっしぐら。よかったですね、大きめのカットが4つ。これでニンジン1本分ですね、お嬢様。

最初はそのまま、前を向いてモグモグ。お次はニンジンを手に取ってくるっと後ろを向き、体重計にもたれていただきます。おなかが落ち着いたのか、最後の一つは、少し時間をかけて味わっておられるようでしたよ。

お食事タイムは10分ほどで終了。新しい竹には目もくれず、寝台へ直行するタンタン。20分ほどあしを上下させる〝エクササイズポーズ〟を披露。最近よく見るこのポーズ。食後の腹ごなしなのでしょうか。食事に満足したのか、この日はいつもより、あしが高く上がっていました。前あしで後ろあしを持った、珍しい三角形のポーズも飛び出し、あしのすき間がお嬢様からのハートマークに見えました。

エクササイズを終えると、今度は姿勢をうつぶせにチェンジ。本格的に眠るおつもりですね。この後はずっと寝台でお休みに。ときおり寝返りを打ちながら、観覧終了となりました。

この日の取材中に、筆者が一番聞いた言葉は、「かわいい」。その次が「ぬいぐるみみたい！」。そうでしょうとも！　唯一無二のそのスタイルで、自然とみんなを笑顔にしてしまう、お嬢様なのです。

05

date　2022年　3月2日

ブラッシング争奪戦？　タンタンをめぐる飼育員さんと獣医師さんの意外なやりとり

フライパンだ！

タンタンが何やらゴクゴクとおいしそうに飲んでいます。その容器はまさか……。

「市販のフライパンですよ」

薬を混ぜたサトウキビジュースを与えるのに、もっと良いものがないかということで、探し出したのがこのフライパン。重すぎず、丈夫で、タンタンがかんでも大丈夫な素材ということで、選ばれたのだそうです。

「底面にもゆるくカーブが付いているので、タンタンも飲みやすいのではないでしょうか」

持ち手部分が長いため、人の安全も確保できて良いことづくしなのです。最初は、玉子焼き用のものを考えていたのですが、ちょうど良いサイズがなく、サイズが豊富なフライパンになったのだとか。こういうアイデアは、どこから出てくるのでしょう。

梅元さんによると、「作業中の雑談から出ることが多いですね」。もう一人の飼育員 吉田さんと話しながら、いろいろ工夫しているのだそうです。


最初はフライパンを警戒したというタンタンですが、ジュースの誘惑には勝てず。

「ニオイなんかは、少し気にしていましたけど、優先順位としてはジュースの方が上でしたね。パンダは警戒心が薄く、新しいものにも比較的慣れやすいんです」

いやいやそこは、飼育員さんたちとの信頼関係のたまものですよね、お嬢様。

フライパンからジュースを
飲んでいます※

寝台に落ちていた謎のモフ※

寝室の入り口からチラリと見えています

暗闇のお嬢様

飼育員さんたちは帰宅時にパンダ館の電気を消し、タンタンは夜を暗闇の中で過ごしています。やはり、野生と同じように夜は真っ暗な方が落ち着くのでしょうか。

「パンダは、日の長さで季節を感じる光周性の動物です。そのため、日照時間を自然の状態に近づければ、体のバランスも良くなるのではないかと考えました」

2008年に出産し、赤ちゃんを亡くした後には、タンタンの発情時期がズレる現象が見られました。その改善のためもあり、夜を暗くして過ごす方法を取り入れたのだとか。

「この頃はカメラの性能の問題もあり、夜も完全に真っ暗な状態ではありませんでした」

暗すぎると行動観察のためのカメラに映らないため、夜も少しライトがついていたのです。こうして、明るさを調整したおかげかどうかは不明ですが、タンタンの発情時期も、少しずつ落ち着いていったのだそうです。

「最近はカメラの性能が上がったので、できるだけ暗く保つようにしています。画像には映っていますが、ほぼ真っ暗ですよ」

毎日17時までには、屋内展示場と寝室の電気を消して、自然光で過ごしています。「#深夜パンダ館」のツイートを見ていると、タンタンが、とてもくつろいでいるように見えます。

「今は竹の上で寝るのがブームみたいですね。寝台に上がるのが、めんどうくさいのかな」

よく寝て、食べて。いつまでも元気でいてくださいね、お嬢様。

今年も来た、謎のモフ

ここ1ヵ月くらいで、地面に落ちていることが増えてきたという〝謎のモフ〟。じつはタンタンの抜け毛で、暖かくなってきたため、冬用の毛が抜けてきたのです。

タンタンのブラッシングは、吉田さんが行うことが多いそうですが、この時期はたくさん毛が抜けるため、梅元さんもたまにブラッシングをしてあげるそうです。

「最近はタンタンの機嫌を取るために、獣医もブラッシングしています。なので、あまり僕がすることはないんですけどね。目に見えてリラックスしますからね。気持ちいいんでしょうね」

ブラッシングには、抜け毛を取ることのほかに、タンタンをリラックスさせる効果もあります。

ちなみに、タンタンが苦手とする獣医師 菅野《かんの》さんは、まだブラッシングをしたことがないそうです。タンタンに塩対応されている菅野《かんの》さんのブラッシング、ぜひ見てみたいものですね。

本日のお嬢様

取材日の最高気温は10度で、日差しが暖かい日でした。最近は朝が早いというタンタン。しばらくボーッとした後、朝ごはんの用意が始まる頃に、シャッキリと起きだすのだそうです。

「タンタンも朝の流れは、もう分かっていますからね」

朝のニンジンを食べた後、薬入りのサトウキビジュースを飲んでから、もう一度寝ます。

「一応、竹も置いていますが、食べるときと、食べないときがありますね」

最近のブームは孟宗竹《モウソウチク》。あとは、たまに矢竹《ヤダケ》を食べることもあるそうです。この日は観覧前に竹をモグモグ。その後、寝台の上で眠りながらの観覧スタートとなりました。

最初、うつぶせで寝ていたタンタンは、11時30分頃、団体さんが入る前に寝返りを打って、観覧通路の方を向きました。毛が抜けてかゆいのでしょうか。足下をカイカイしてからの大あくび。少し上がったお尻だけが、起きようという意思を示しているように思えます。

12時を過ぎても、ぐっすりと眠るタンタンに、男の子が「僕もパンダになりたい……」と、ひとこと。その気持ちよく分かります……。

その後、あしを伸ばして〝エクササイズポーズ〟をキメるタンタンでしたが、12時20分頃にお目覚め。何かの気配を察したのか、起き上がると、控えめなおみ足をピコンと投げ出して、寝台の上にしばらく座っていました。

そして、寝台から降りて寝室の中へ。すぐに出てきて、しばし、風が通る通風口にもたれて休憩です。休憩を終え、体重計の上をチェックした後は、用意された竹を横目に寝室へ。この日は、寝室を出たり入ったり。そのうち寝室内で転がり、観覧通路からは耳だけがちょっと見える〝ちらタン〟状態に。寝室内の様子は、観覧通路奥に設置されたモニターに映し出され、少しでもタンタンを見ようと、みんなその映像にくぎ付けになっていました。
最後は寝室内で転がったまま、フィニッシュ。今日も、自由気ままに観覧時間を過ごした、お嬢様なのでした。

06

タンタンはご機嫌ナナメ……全力で怒られてしまう飼育員さんが切なすぎる

date 2022年4月27日

この手は誰の手……？

公式ツイッターにアップされた1本の動画。されるがままにブラッシングされるタンタンのアップ。とても気持ちよさそうです。太ももからお尻辺りを丹念にブラッシングするこの手は、一体誰のものなのでしょう……？

「あれは僕の手ですね」と梅元さん。「自分はあまりブラッシングしない」と言っていた梅元さんがついに……！

とても気持ちよさそうに見えましたが、どれくらいの時間ブラッシングしたのでしょう。

「大体2、3分ぐらいだと思います」

きっと、お嬢様にとっては至福の時間だったのでしょうね。

しかし、あれはたぶんお尻から太ももの境目。いわばお嬢様の〝絶対領域〟です。あの部位をブラッシングしたのはどうしてでしょうか。

すると梅元さんは「特に理由はありません」と、笑います。

「ちょうどブラッシングしやすい体勢で横になっていたので、してあげようかなと思ったんです」

それにしても本当に気持ちよさそう……。ラッキーでしたね、お嬢様。

リラックスしていたのか、終わった後はそのまま横になって寝てしまいました。最近はあまり毛が抜けなくなってきたそうで、獣医師さんたちも参加するブラッシング争奪戦（?）も、そろそろ一時休戦の時かもしれません。

お嬢様はご機嫌ナナメ

公式ツイッターで公開された、なんだかお怒りの様子のお嬢様。動画を撮ったのは、もう一人

の飼育員 吉田さんのようですが、何かやらかしてしまったようです。

「午前中、様子をうかがっていたら、怒られました……。気分でなかったのでしょうか」というコメントが添えられ、フンフンと鼻息も荒いようですが、何か気に入らないことでもあったのでしょうか。

「あれは、確実にご機嫌ナナメな状態です。イライラしていますね。ああなってしまうのは、タンタンの気分的なところが大きいんですよ」

眠い、だるいなど、自分が動きたくないときに、いろいろ構われるとイライラして、ああなってしまうのだそう。それにしても吉田さんは災難でしたね。

動画では観覧通路側のシャッターが閉まっているように見えます。お怒りのタンタンを刺激しないようにしているのでしょうか。

「この日はたまたまですね。朝から開けたり、様子を見たいときにも開けに行ったりもするので、閉めたままではないですよ」

静かに過ごすために閉めているのかなと想像しましたが、シャッターの状態も含め、お嬢様は普段どおりお過ごしのようです。

花よりリンゴ

魅惑のおみ足です

神戸市立王子動物園（公式）
@kobeojizoo

午後のタンタンさん。

朝の機嫌直しに、いろいろと置いておきました。

なんかちょっと、「えらい人」風なタンタンさんです。

#きょうのタンタン
#王子動物園 #ジャイアントパンダ

0:19 2.8万 件の表示

優雅にお食事中です※

ご機嫌直しにいろいろもらいました
（神戸市立王子動物園公式ツイッターより）

気候の良い休園日には、お庭パトロール。この日は少し外への出入口の扉まわりのニオイを嗅いだ後、すぐに外へ出ていき、テーブルのように使っている岩でひと休みしながら、朝食をいただきながら過ごしました。

外にいた時間は20分くらい。春のお花も楽しみました。可憐な白い花を付けたリンゴは、お嬢様の庭師（飼育員）の吉田さんが、２０１７年の10月頃に植えたもの。それまであったヒメリンゴの木が折れてしまったため、代わりに植えたのだそう。

吉田さんによると、「タンタンはヒメリンゴを食べないので、違うリンゴの苗を植えました。もし実がなったら、タンタンが食べてくれるかなと思ってるんです」とのこと。

いつでもお嬢様のことを思っておられるのですねと、思わずホロリ（さっき、八つ当たりされたのに……）。

そんな吉田さんの思いを知ってか、（たぶん知らない……）お散歩後は、ちゃんと自分でお部屋に戻ってきたタンタンなのでした。

夜型生活に問題なし

最近も夜型生活が続いているというタンタン。体調に影響はないのでしょうか。

梅元さんによれば、「それ（夜型）が、今のタンタンにとって過ごしやすいんでしょうね。夜型の生活がタンタンにとってストレスになっていないのなら、何も問題はありませんよ」とのこと。

夜はせっせと竹を食べ、トレーニングの後は大好きなブラッシングにうっとり。休園日にはお庭で、ツルやフラミンゴなど鳥たちの声をBGMに優雅な朝食。そうやってストレスなく過ごしてくださることが、私たちにとって一番うれしいことなのですよ、お嬢様。

07

date 2022年 7月 20日

「七夕」にまさかのアクシデント！飼育員さんが思わず慌ててしまったワケ

七夕のアクシデント

公式ツイッターに公開された、タンタンと小さな竹飾り。今年も楽しくいただいた七夕のごちそうについて、飼育員でお嬢様のパティシエ、吉田さんに聞きました。

「七夕のごちそうは、竹にニンジンの短冊、ブドウの飾り、リンゴの台。さらに台の周りにブドウをあしらいました」

ベースに使用した竹は女竹《メダケ》です。

「枝先が少し太めで、重さに耐えうるかなと思いました」

かわいらしいミニバージョンになったことについても、じつは理由がありました。

「当日の15時に、園の職員から『かくれタンタンは七夕バージョンにしましたが、パンダ館は何かしないのですか？』と言われて。初めてその日が七夕だと気づいたんです」

かくれタンタンとは、小ザル舎の西側にある、タンタンをモチーフにした影絵のこと。季節ごとに変わるので、密かに楽しみにしているファンも多いのです。

「そういうわけであまり時間もなく、大きいものはできません。当日にできることを考えた結果、ミニバージョンになりました」

普段から忙しい飼育員さん。この日が七夕だということを、すっかり忘れてしまっていたのも無理はありませんね。かわいい笹飾り、お嬢様も喜んだと思いますよ。

リンゴに竹を刺すアイデアはどこから出てきたのでしょう。

「何か竹を立てられる土台がないかと探していたときに、突然思いつきました」

普段から、お嬢様のためにいろいろ作っているため、とっさのひらめき力も鍛えられているのですね。

「タンタンは奥で寝ていたのですが、意外にすぐに気づいて近寄ってくれました。ただそのまま、体重計の前を通り、飾りをスルーしてから寝室まで行ってしまい、やっぱりな……と思いました」

スルーは想定内だったのですね。

「しかし、すぐに寝室から出てきてブドウ（巨峰）をさわり、飾りは倒してしまったけれど、少し興味を持って食べてくれました。体調も悪くないんやと安心しましたね」

かわいらしいごちそうに大満足なお嬢様。七夕をすっかり忘れていたことは、お嬢様には内緒にしておきますね。

パンダが竹を食べる理由

ツイートを拝見していると、タンタンはおいしいものをたくさん食べているようですが、おやつばかりで竹の方は大丈夫でしょうか。

「竹もちゃんと食べてくれていますよ」と梅元さん。あらためてパンダが竹を食べた方が良い理由は何なのでしょう。

「ジャイアントパンダの主食は知ってのとおり竹で、リンゴなどはあくまで補助食品ですので、主に竹から栄養を取ってもらわなければいけません。竹をあまり食べなくなると、ジャイアントパンダに必要な栄養や繊維質などが不足してくるのはもちろんのこと、腸内細菌の乱れなどから

「あっ！」。七夕のごちそうを倒してしまいました※

最近のお気に入りは冷たい所※

七夕バージョンのかくれタンタン
（神戸市立王子動物園公式ツイッターより）

の便秘、病気になることも考えられます」

やはり、パンダの主食は竹がベストなのですね。

グルメなお嬢様に竹を食べていただくため、並々ならぬ苦労をされているのはファンならば周知の事実ですが、夏は竹があまりおいしくない時期。何か対策を考えているのでしょうか。

「夏場に竹の採餌が落ちるのは毎年のことなので、特に新しい対策はまだ考えていませんが、いつも言っているように、淡河《おうご》の方にできるだけ新鮮な竹を持ってきてもらい、なるべく汚れやニオイを洗い流すようにしています。できるだけいろいろな種類の竹を与えて、毎週、タンタンが少しでも気に入る竹を探しています」

淡河《おうご》の翁たちと飼育員さんの最強タッグで、今年の夏も乗り切って欲しいですね。

まさかのバック！

健診を終え、出て行くのかと思いきや、まさかのバック！　な動画が、公式ツイッターで公開されていました。最近はトレーニングルームで休むこともお気に入りなのでしょうか。

「特にお気に入りというわけではありません。そのときのタンタンの気分によるところが大きいと思います」

トレーニングルームで休みたがるのも、そのときの気分なのだとか。

ほかにお気に入りの場所はあるのでしょうか。

「屋内のプール横で休むことも、増えた気がします」

トレーニングルームの冷たい床と、涼しげな水辺が夏のお気に入りのようです。ずっとお部屋にいるので、運動量は落ちているかと思いますが、歩く様子は身軽に見えます。

何か、運動する工夫はあるのでしょうか。

「以前と同じように、ごはんの入れ替えのときは呼びかけて、寝台から部屋に戻ってきてもらっています。あまり無理をさせて、ストレスになると逆に良くないので、なるべくタンタンに自分から動いてもらって、少しでも運動量を上げるようにしています」

動くとおなかがすいて、ごはんもおいしくいただけますよね、お嬢様。

カフを巻くのもお手の物

最近は、診察中にジュースを飲んでいる様子をよく見る気がします。もしや、これがトレーニングをがんばる理由の一つなのでしょうか。

「はい、そうだと思いますよ」

健診もトレーニングも、今では難なくこなすタンタン。腕に血圧測定のカフを巻かれても、気にする様子もありません。厚みがあるカフは存在感もあり、気になると思うのですが、最初からこんなにお利口にできていたのでしょうか。

「やはり最初から上手くはいかないので、まずはタンタンに使用する道具に慣れてもらうところからスタートしました」

何度も根気よくカフを与えて、さわり心地やニオイに違和感がないように覚えさせたのです。カフごと腕をオリの中に入れてしまう危険性もあったかと思うのですが、どうやって練習したのでしょうか。

「カフに慣れてから、腕に巻いて、嫌がらずにじっと腕を静止させることを繰り返し行い、巻くのに慣れたら締め付けるという具合に段階を踏んでいくことで、ゆっくりとタンタンに慣れていってもらいました」

血圧測定は心臓疾患においても重要な検査項目。それを難なくこなすことによって、日々の健康がしっかりとモニタリングされているのですね。

この日はブラッシングもしてもらいました※

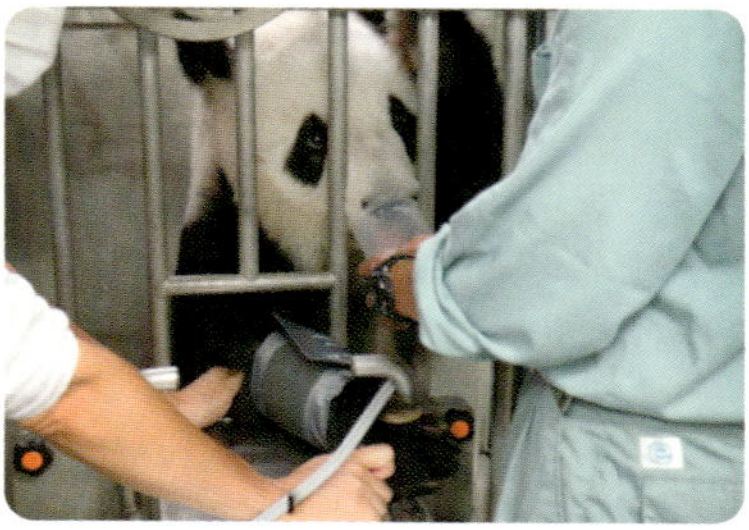

ジュースを飲みながら。血圧測定用のカフを巻かれても気にしません※

第4章

27歳おめでとう、お嬢様はご長寿パンダ

01 タンタン27歳。ファンからの「おめでとう」と「ありがとう」は800件超に

date 2022年 9月 21日

二人からのプレゼント

9月16日に、27歳の誕生日を迎えたタンタン。飼育員さんからのささやかなプレゼントが贈られ、その様子が公式ＹｏｕＴｕｂｅとツイッターに掲載されました。こちらはタンタンの健康状態を考慮して、誕生日前の12日に撮影されたものだそうです。

「プレゼントは製作に3日、当日の準備に1時間弱かかりました」と梅元さん。

お月見をイメージしたプレゼントは、もう一人の飼育員でお嬢様のパティシエ、吉田さんが1ヵ月ほどかけて構想を練っていたのだとか。

「吉田さんは今の状況を考えて、プレゼントを用意するかどうか悩んでいました。なので、すぐに準備できてタンタンに負担をかけないようなプレゼントにしようと提案し、今回パティシエには構想を少し控えめにしてもらいました」

こだわりポイントは、淡河《おうご》から運んでもらった大きめの竹を節の部分で切って作った器。動画を撮影する前日には、予備の器を使ってリハーサルまで行ったそう。

「前日にあの器でジュースをあげたときは飲んだんですよ。だからいけると思ったんですが……。本番の器は、少し高さが違ったからなのか、それとも手前の氷の山が気になったのか」

本番ではプレゼントに手を付けなかった、お嬢様。

その塩対応に対しては、「僕はタンタンらしいなと思いました。簡単にいかない、あの態度こそがタンタンです」と梅元さんは笑います。

二人で悩み抜いたプレゼント。お嬢様を思う気持ちは、きっと伝わりましたよね。

ファンも一緒にお祝い

お誕生日当日、公式ツイッターにタンタンをお祝いする動画をアップした梅元さん。じつはあの動画、制作に2日もかかったという力作。動画には800件以上ものお祝いコメントが付いていました。

「園に来られない方も動画にコメントしてもらえば、お祝いの気持ちが伝えやすいのではないかと思いました」

添えられたタグ『#応援してくれている皆さんにもありがとうの気持ちを込めて』にも、ファンへの愛を感じますね。

タンタンに会えないのは分かっていても、現地でお祝いしたいというファンの姿もちらほら見られ、園内はなんだかお祝いムードに。中国駐大阪総領事館からも、立派なかご盛りのカキが届き、こちらはさっそくカットしてもらい、夜のおやつになりました。

そんなファンにも、ささやかなプレゼントが。園内8箇所に設置されたQRコードを読み込むと、タンタンの写真や動画が見られるというお誕生日イベント「タンタンをさがせ」です。こちらは、イベント終了後に公式YouTubeへアップされる予定。園に来られなかった方も、お嬢様からのプレゼントをお楽しみくださいね。

時間に厳しいお嬢様

獣医師さんを待つお嬢様の様子が公式ツイッターで公開されました。オリにもたれながら、なんとも不満げな表情ですが、このときは、何分くらい待たされたのでしょうか。

「10分もかかってないと思いますよ」

獣医師さんたちは、呼び出しがあったときに他の仕事をしていたため、いつもより少し時間がかかってしまったようです。タンタンの健診の時間はいつも決まっているわけではなく、タンタンがトレーニングルームに入ったタイミングで呼ばれるため、園内のいろいろな動物を診ている

「よくできてるわ」。飼育員さんたちからのプレゼントを眺めるタンタン※

菅野さんを見つめるタンタン※

お誕生日に公開されたお祝い動画
（神戸市立王子動物園
公式ツイッターより）

獣医師さんたちは、すぐに来られないときもあるのです。

この後は、いつもよりジュースを多めにいただき、スムーズに検診ができたそうで。

「ジュースさえもらったら、後のことはもう忘れていますよ」

あの表情は「ジュースまだ～？」のお顔だったんですね、お嬢様。

飼育員にも厳しいお嬢様

「フンフンッ！」と鼻息も荒くお怒りの様子のお嬢様。公式ツイッターで公開された動画ですが、何に怒っていたのでしょうか。

「たまにああいうことをしますね。あのときは起こされてご機嫌ナナメだったようです」

タグにも『#ごめんごめん』と書いてありますね。

飼育員さん二人がバックヤードで作業をしているときも、急にむくっと立ち上がって威嚇するように「フンッ！」と言われてしまうことがあるのだとか。

「作業の音で起きてしまい、抗議しているのかもしれませんね」

気の置けないお二人に甘えているのでしょうか。

最近のお気に入りは孟宗竹《モウソウチク》だというタンタン。目が覚めてしまったなら、いっそ気分を変えてお食事などはいかがでしょう、お嬢様。

date 2022年 11月 2日

02 「長生きして欲しいな……」タンタンをこよなく愛する飼育員と獣医師が語る秘話

今回は飼育員の梅元良次さんと吉田憲一さん、そして獣医師の菅野《かんの》拓《ひろき》さんの3人のメンズにタンタンの秘話を語ってもらいます。

タンタンの担当になったのは、梅元さんが2008年、吉田さんは2009年、菅野《かんの》さんが2018年からとのこと。

初めてタンタンに会ったシチュエーションと印象はどうだったのでしょう。

タンタンに初めて会った時の印象は？

梅元「タンタンと初代コウコウが来園した時に出迎えたのが最初ですね。初めて見たパンダだったので、かわいいなと思いました」

吉田「パンダの担当になった時に初めて会ったんだったかな。小ザルを担当していた時に、人工授精の手伝いには来ましたよ」

ちなみに吉田さんのファーストパンダは、上野動物園のカンカンとランランなのだとか。

菅野「王子動物園に異動して来た時に展示場で初めて見ました。パンダやな〜、意外と小さいんやなと思いましたね」

ファーストパンダはアドベンチャーワールドだったという菅野《かんの》さん。初めてタンタンに会った時のこと、筆者も昨日のことのように覚えています。

タンタンへの思い

そんなみなさんの、現在のタンタンへの思いはというと……。

梅元さんは「長生きして欲しいな」と話し、横で吉田さんが「同じく……やね」とつぶやきます。

「今の状態が長いから、元気やったことを忘れそうになる。でも木登りする姿とか思い出すよね、降りるのが下手でね」と笑う吉田さん。

若い頃は、タンタンもだいぶおてんばだったんですよね。

一方で菅野さんは最近のタンタンについて「トレーニング中の動きとかを見ていると、おばあちゃんになったなぁと思います」と少ししんみり。

パンダ館・観覧通路でのインタビュー風景。左から梅元さん、吉田さん、菅野さん

ハズバンダリートレーニング中のタンタン※

おばあちゃん……、お嬢様に怒られちゃいますよ。

ほかの動物たちと比べて、タンタンの診察のしやすさはどうなのでしょうか。

「タンタンに関しては園内で一番ハズバンダリートレーニングが進んでいるので、やりやすいと思います」と菅野さん。

大きな動物、小さな動物、それぞれに診察の難しさがありますが、「それを緩和するために、ハズバンダリートレーニングがあるんです」と教えてくれました。

いつもお嬢様に厳しい目で見られていることに関しては「心地いいことはしてあげられていないので……」と、仕方ないといった様子。

そこへすかさず、吉田さんが「最近ええ感じやね。やさしくなったんちがう？　逆にオレらにきついよね」とコメント。親しい人にはワガママも言いやすいんですよね、お嬢様。

「ハズバンダリートレーニングの鬼」と呼ばれているタンタン。健診やトレーニング時の様子はどうでしょう。

梅元「同じことを何年もやっているからね。でも今と心臓疾患が見つかる前の２０２０年とでは雲泥のレベル差かな」

吉田「今はトレーニングよりも健診が中心。トレーニングのポーズをうまく使って健診している感じやね。でも、トレーニングをしていたからこうして検査ができる。やっててよかったよね」

菅野「タンタンに関して助言をいただいている大学の先生が求めるレベルのことは、キッチリとこなしてくれます。いろいろやってくれてすごいなと思っています」

すごいですって。褒められていますよ、お嬢様。

まさかの柵の上

ほぼ毎日、長い時間タンタンに接している飼育員のお二人。タンタンに関して思い入れの深いエピソードとは？

梅元「担当になってすぐ出産を経験したことかな。生まれてからの3日間は泊まり込んだし、出産があったことで中国へ研修に行ったり、そこで知ったハズバンダリートレーニングにもつながった。こどものことは残念だったけど、そこから動いたこともあったよね」

吉田「タンタンが、隣のコウコウの部屋との間にある柵に登ったことがあって。またがって身を乗り出そうとしてたことがある（その頃、もうコウコウはいなかったが）。班長と話していたら、タンタンが柵にまたがっているのが小窓から見えて、びっくりしたんだよね」と興奮気味に話します。

当時の班長は、パンダ館の飼育員用入り口に「かくれタンタン」を描いた人です。この日は梅元さんはお休みで、当時は監視カメラの数も少なく、どうやって柵に登ったのかはいまだに分からないのだとか。かわいさだけでなく、ミステリアスな面も持ち合わせるお嬢様なのです。

03

date 2022年11月2日

「タンタンはここがかわいい」飼育員と獣医師の本音トークがほんわかすぎる

お嬢様はご機嫌ナナメ

いつもマイペースなお嬢様。そんなお嬢様に振り回されたエピソードは、10や20どころではないはずですが、印象深いものといえば？

梅元「一番はトレーニングルームに入らない……かなぁ。リンゴだけ取って出ていく。警戒心が強いんだよね」

菅野「入るだけ入って出ていくときがあるんですよね。何をしに来たんだろう……？　みたいな」

梅元「機嫌が悪いときはそうだよね。まぁ、タンタンの気持ち次第なので」

大きなタケノコを抱えるタンタン※

小窓からこんにちは※

吉田「え〜思いつかんな〜」

そこですかさず梅元さんが「ちょうど今日あったやん」とツッコミます。

この日はお嬢様、とてもご機嫌ナナメだったようで……。

吉田「そう言えば、いつもは下に降りてジュースを飲んでもらうんやけど、飲まないから仕方なく、慎重に寝台の上までジュースが入ったフライパンを持っていったら『フンッ！』って威嚇されたんだよね」

「威嚇なんてしょっちゅうやん」と笑う梅元さんに対して「でも、オレ多いんちゃうかなぁ」とこぼす吉田さん。もちろん、安全面には十分に配慮して作業しています。

ほかにもお庭をお散歩中に呼んでも帰ってこないことがあるそうで。

吉田「ソウソウ〜！（タンタンの中国名）って呼んでも、顔も向けずに知らんふり。それで30分くらいしたら帰ってくる」

じつは声は聞こえているようで、耳だけが動いてるのだそう。まだお外を満喫したい気分だったのですね、お嬢様。菅野さんもお嬢様にいけずをされることがあるようで。「トレーニングルームに入ったからと呼ばれて、何もできずに帰ることがあります。何かできることをしようと思うんですが、絶妙に何もできない位置に座るんですよ……」としょんぼり。そこへ吉田さんが「壁沿いに背中をくっつけて座るのな」と、うれしそうにツッコミます。

そこは、検査をしようと思っても、微妙に手が届かない場所なのです。
「そういうときは扉を開けたらさっさと出て行きますね。ご機嫌ナナメなので、これぱっかりはタンタンの気分まかせですね」と梅元さん。菅野《かんの》さんも「もう慣れました。呼ばれたら行って、できることをするだけです」と、どこか悟ったような様子。
そして横から「でも、今は観覧がないから、時間に追われることがなくてちょっと楽になったよね」と、フォローを入れる吉田さん。絶妙なチームワークを拝見しましたよ、お嬢様。

かわいいタンタン

気まぐれなお嬢様に振り回されながらもタンタン愛にあふれているみなさん。では、タンタンを「かわいいな」と思うところはどこでしょう。

梅元「手あしが短いところかな。大きいタケノコをがんばって食べている姿がかわいくて、わざと大きめのものを渡すこともありますよ」と、笑います。
さらに、ニンジンの2本持ちもかわいいとのこと。

吉田「通路の側面にある小窓から、顔を出してるのがかわいかった」
いっとき、エンリッチメントの一環として、小窓の上にリンゴやニンジンを置いてあったのを覚えていたタンタン。それを探して小窓から顔を出していたのだとか。

「ロン（2代目コウコウ）が小窓から顔を出していたのを思い出しましたね」と吉田さん。コウコウはおなかがすくと、飼育員さんのスペースに続く小窓から「まだですか？」というように、顔を出していたそうです。

菅野「タンタンはフォルムがかわいいですよね。根曲竹《ネマガリタケ》をポッキーみたいに音をたてて食べる姿もいいですし、あとは哀愁漂う背中なんかも」

そんなにたくさん！　塩対応されていても、すっかりお嬢様のとりこなのですね。

お嬢様のゆるゆるライフ

最後に、これからタンタンにどう過ごして欲しいか。またそのためにどんなことをしたいのか聞いてみました。

梅元「初めにも言ったけど、一日でも長く（生きて欲しい）。治療に当たっているみんなの願いです。あとはのんびり過ごしてもらえれば」。さらに、なかなか難しいかもしれないけど、と前置きをしながら、「状態が安定したら、いつかまたみなさんにもタンタンに会いに来てもらいたいですね」。

哀愁漂う背中

「いつもありがとね！」※

吉田「しんどくないように。無理をさせている部分もあると思うけど、なるべくは思うがままに過ごして欲しい。この先もしんどくなって欲しくないから」

お嬢様のお楽しみ、スイーツのプレゼントについては「プレッシャーになるから、もう作りたくないねん」と意外な言葉が返ってきました。梅元さんが間髪を入れずに「それ、毎年聞くなぁ」と笑います。でも結局は、お嬢様のために何かせずにはいられないんですよね。

梅元「僕らとしてはタンタンの見送り予定だったときの誕生日プレゼントが集大成。ラストのつもりだったんですよ」

これからは吉田さんにもお嬢様にも負担がないように、あまり大げさにしない予定なのです。でもささやかなプレゼントは、きっとウェルカムなのですよね、お嬢様。

菅野「僕はいつも、入院しているおばあちゃんのお見舞いに来ているような気持ちなんです。生き物なのでいつか最期の時が来るのは仕方がないことだと理解はしています。ただ、今はできるだけQOL（生活の質）を保てればいいなと思っているんです。今できることをこのまま続けていければ」

その言葉を聞き、梅元さんも「できることは最大限やってるよね」と話し、吉田さんがうなずきます。これからもチームタンタンと共に、ゆるゆるライフを満喫してくださいね、お嬢様。

04

date 2023年 1月11日

「また一緒に年を越せたら……」寄り添う飼育員さんのまなざしがやさしすぎる

水曜日のお嬢様

2023年も神戸で新年を迎えたお嬢様。年末に新しく設置された、屋外運動上にあるやぐらの階段への反応はどうだったのでしょう。

休園日の朝、鉄の扉が開くと中からタンタンが登場。いつものタンタンウォークですが、観覧中止の今では懐かしい光景。出入口のニオイを嗅いでから、ゆっくりと一歩ずつ歩きます。草の感触を楽しんだ後、モート（堀）をのぞき込みます。まさか下りるのでは？　と思いきや、華麗にスルー。最近下りていないモートがちょっと気になったのですね、お嬢様。その後は入り口の近くでのんびりとお過ごしになりました。

30分くらい外を散策して、いったん中に入った後は通路をウロウロ。やはり外が気になるのか、扉からそっと顔を出します。

水曜日を担当している吉田さんが、「様子をうかがう顔の出し方が嫌だなぁ」と話します。新しく設置した、やぐらの階段への反応が気になるようです。外のやぐらは部屋の中にある寝台よりも階段の傾斜がキツく、年を取ったタンタンには上り下りが大変そうなのだとか。そこで吉田さんは梅元さんと相談し、今のタンタンに合う新しい階段を作って、新たに設置し直したのです。

「以前、やぐらに上ったときは、下りるときどうするのかと思った。なので、新しい階段は、最初のステップを天板に近くして下りやすいように工夫したんです」

下りる際に1段目の幅に手間取ったタンタンを見て、新たな階段作りを思いついたのだとか。しかし肝心のタンタンは、扉の入り口辺りをウロウロ。階段の方へ行こうとはしません。以前、タンタンを担当していた飼育員さんも様子を見に来て名前を呼びますが、ツーンと無反応。

「先週は向こうの方まで行っていたし、上らずとも下をくぐったり、ニオイを嗅いだり、何らかのリアクションはあるはず。1回は近くに行くと思うから、このまま扉は開けておきます」と吉田さん。しかし、この日は階段に近寄ることはなかったそうです。警戒心の強いタンタン。こうなることはうっすらと予想していましたが……。気が向いたらご覧になってくださいね、お嬢様。

例の黒幕

タンタンを見守る吉田さん

外をお散歩中は表情もイキイキしている
気がします

神戸市立王子動物園（公式）
@kobeojizoo

ジャイアントパンダ「タンタン」が開園日でも屋内で日光浴できるよう、外との出入り口から日光が入るようにしているため、タンタンがゆっくりと過ごせるよう、開園日は屋外展示場に幕を設置します。

ご理解をお願いいたします。

#神戸市 #王子動物園
#ジャイアントパンダ

黒い幕設置のお知らせ
（神戸市立王子動物園
公式ツイッターより）

タンタンのお庭に、出入口を隠すように設置された黒い幕。こちらは、開園日でも日光浴ができるようにと取り付けられました。

「もともと日光浴用の格子を作ったときに、一緒に用意していたんです」と梅元さん。日光浴にも慣れてきたようなので、開園日でも対応できるように取り付けたのだそうです。

「日光浴のために格子を開けておくと、通路をウロウロできるので行動量が増えます。今は10分でも20分でも動く時間を増やしたいんです。中にいると寝るだけですからね」

こういう試みも、現在の状態が安定しているからこそできること。

「どこまでいっても、タンタンペースは変わりません。暑くなるまでは、様子を見ながら続けたい」とのこと。

そして、幕の下の部分が少し厚くなっているのは透けるのを防ぐため。コロナ禍という状況を考えると、タンタンが見られるのではないかと、人が密集するのを避けたいという園の配慮なのだそうです。黒い幕がふわっと風を含むたび、ドキッとしてしまいますが、お嬢様の邪魔をしないようにそっと見守りたいものですね。

お嬢様のお正月

年末年始の休園日には、毎日お庭で散歩を楽しんだというお嬢様。

「年末年始は基本、通路の扉を開けっぱなしにして、タンタンの好きに過ごしてもらいました。気温もちょうど良かったし、いい運動になったかと思います」

じつは梅元さん、基本は水曜日がお休みのため、外にいるタンタンを見たのは久しぶりだそう。

「懐かしい風景でした。でも写真を撮ったら、久々すぎてうまくいかなかったです」

この時は、やぐらに設置された新しい階段にも興味を示していた様子。

「ニオイを嗅いで、ちょっとかんだりしていましたね。2段目までは前あしをかけていましたが、まだ上る気はないようです」

お気の向くまま、無理なくお過ごしくださいね、お嬢様。

お嬢様からの年賀状

そして年始には、公式ツイッターにタンタンからの年賀状がアップされました。こちらは「いつも応援してくれるみなさんに、タンタンからも感謝の気持ちを伝えたい」という思いで作られたのだとか。

広報の尾上《おのえ》勝利《かつとし》さんがデザインした年賀状には、梅元さんが撮影した、手をついてあいさつをしているようなタンタンの写真を使用。3、4回もリテイクしたという力作です。

最後に、飼育員さんお二人の抱負について。

梅元「病気になって、一日一日がどうかな？　という日が続いていましたが、去年は無事に誕生日を迎えられ、さらに年を越すことができてすごいなと思っています。あまり派手なお祝いはできませんが、今年も一緒に誕生日を迎えて、また一緒に年を越せたら……。抱負というか、願いですね」

吉田「できるだけ現状維持。できれば、短時間でも観覧再開できるようになればいいね……」

神戸で過ごした27歳のお誕生日、そして年越し。いろいろなことが重なって生まれたこの奇跡のような時間を大切に過ごしていきたいですね、お嬢様。

05

date 2023年1月25日

こんなところにリンゴが……？「激写ショット」がツボにはまる人が続出のワケ

夜は甘いもの

最近は早起きだというタンタン。飼育員さんたちの気配で目を覚まし、二度寝をキメた後は寝

階段の近くまでは行くんですけどねぇ……※

力作の年賀状※

リンゴをあご置きに。斬新ですね※

室へ入ります。

「サトウキビジュースのおねだりですね。僕らもすぐ出せるように用意はしています」と梅元さん。

タンタンは、寝室でジュースがもらえることを知っているのです。最近はメエメエ農園さんからいただいた、生のサトウキビをお夜食にしているのだとか。これから旬を迎えて、どんどん甘くなるというサトウキビ。

「サトウキビにはミネラルが含まれていますし、竹より栄養価が高いですね」

そして、大好きなリンゴをあご置きにしているところを激写されてしまったお嬢様。甘味は生のサトウキビとサトウキビジュースで、間に合っているのかもしれませんね。そのぶん竹はよく食べているようで。

「季節的なものもあると思いますが、最近は食欲が上がってきています」

取材時は矢竹《ヤダケ》がお気に入りだったようですが……。

「先週は淡竹《ハチク》と孟宗竹《モウソウチク》も食べていました。いろいろな種類を少しずつ食べている感じですね。いろいろさわって食べてくれる方が、こちらとしてもありがたいんです」

主食の竹をモリモリ食べてくれるのが、飼育員さんにとって、一番うれしいことなんですね。

休日と階段とお嬢様

お庭のやぐらに設置された新しい階段、いつ上るのか……。休園日には、階段を企画したもう一人の飼育員 吉田さんが、注意深く様子を見ているようです。

梅元さんは「たぶんしばらくは上らないでしょうね」と話します。

今は休園日に外へ出ても、日の当たる所で過ごすのがメイン。まだ階段に興味を示すことはないようです。

室内では、寝台の上で過ごすことが一番多いというタンタン。外では土の上の方が落ち着くのでしょうか。

「3月か4月、気候が良くなったら上がることもあるかもしれませんね。よくやぐらの上で寝ていたので。たぶん気持ちいい場所なんだと思います」

もしかしたら今年も、休園日にはやぐらの上から、パンダ館付近の桜を愛でることができるかもしれませんね、お嬢様。

朝の巡回

公式ツイッターにアップされた、朝の巡回の動画。朝の観察ではいつもどのようなところに気をつけているのでしょうか。

「まずは設備が壊れていないか、あと汚れやフンの位置ですね」と梅元さん。

フンは観覧通路から向かって右側の手前と寝台にすることが多いのだとか。

「寝台にするのは、動くのがめんどくさいときですね」

これ以外の変わった場所でしているときは、フンの状態を見て、さらにモニターの録画で前後の動きを確認します。

「フンの硬さや血などが混じっていないか。あと、前後に変な動きをしていないかを観察します」

昔は朝の部屋の様子を、発情のピークを見極める参考にもしていたのだそうです。

「発情のピークには、マーキングが増えます。あとは食べる時間が減って行動時間が増えるので、行動の痕跡が残るんです」

発情期は体を冷やすためにプールに入り、濡れたまま動き回るため、部屋の中に移動した跡が残るのだとか。

「昔は寝台をよく壊していたので、壊れていないか、何かケガをしていないかも見ていました」

あとは、用意した竹をさわっているか、どのくらい食べているかも確認するのだそう。

「パンダだけでなく、どんな動物でも、朝イチの様子は飼育員にとって大事な情報です。そこをしっかり見るようにと、僕は先輩から教わりました」

飼育員さんの気配で目覚める朝、朝の巡回は大切なコミュニケーションにもなっていますよね、お嬢様。

06 「ジュース」につられて……飼育員さんとっておきの「登頂大作戦」

date 2023年2月22日

登頂大作戦

やっと、外のやぐらの階段を上ったタンタン。公式ツイッターでつぶやいていた階段を上るきっかけ「ちょっと思いついたこと」とは、どんなことだったのでしょうか。

「とてもシンプルなことなのですが、やぐらにジュースを置いてみました」と梅元さん。

なるほど、大好きなサトウキビジュース！　それは階段を上がりたくもなりますよね。初登頂の数日前に公開された公式ＹｏｕＴｕｂｅでは、一度上ろうとしたものの、途中で下りてきていました。これを見てジュースを置くことを思いついたのでしょうか。

「数日前に、吉田さんから数段だけ階段を上った話を聞きました。よくよく聞いていくと、その時に数滴ですが、ジュースを階段に垂らしてみたとのことだったんです」

その時のタンタンの録画映像をあらためて見返してみると、しきりにその辺りを気にして、ニオイを嗅いでいる様子が確認できたため、「ジュースのニオイにつられたのでは？」と思ったのだそう。

「最初は少しでも階段を上るキッカケになればくらいの気持ちで試してみました。でもまさか、いきなり上ってくれるとは！　と僕ら二人も驚きました」

最初にジュースを使った吉田さんは、階段を作ることを思いついた張本人です。

「思い出してみると、以前もやぐらの上にリンゴなどを置いたりしていたので、それじゃあ同じようにジュースをやぐらの上に置いてみてはどうだろうとなったわけです」

ジュースの誘惑にはあらがいきれなかったのですね、お嬢様。

よかった、よかった

ついに階段を使ってくれたタンタン、吉田さんはどういう気持ちで見ていたのでしょうか。

「やっと上まで行ってくれた。よかった、よかった。けど、下りの方はどうなんだろうと一瞬心配しましたが、まあ、全然大丈夫でした」

どういう状況で、タンタンの登頂を目撃したのでしょうか。

「前日にタンタンがやぐらの周辺をウロウロと回っていて、上りそうな雰囲気があったため、チャンスかなと思い、ちょうど階段の後ろにある小窓から見ていました」

やっぱり気にされてましたか……。初登頂から下山までの姿は、しっかりと映像にも残されていました。

わりとスムーズに使えたようですが、階段の出来はいかがでしょう。

「上り下りには支障もなく良い感じですが、（１００点満点のうちの）70点としておきます」と、謙虚な吉田さん。

「できればもっと幅を広く、傾斜もさらにゆるくしたいですが、そこまで無理に上らせる理由もないので、しないと思います」

一方、階段を上る瞬間を見逃してしまったという梅元さん。

「ちょうど作業をしていて、合間にタンタンの様子を見に行くと、すでにやぐらに上っていました」

最初に見たときの感想は？

「やっと階段を使ってくれたことに加え、久しぶりにやぐらの上にいるタンタンを見られたこと、とてもうれしかったです。数日前、僕がちょうど休みだった日に少し階段を上ったことを吉田さんから聞いていたので、これはそろそろかなと。きっかけさえあれば上がるのではと思っていました。吉田さんもうれしそうにしていましたよ～！」と、笑顔で答えてくれました。

下りるところは見逃せない！

「タンタンの様子を確認するのはいつものことなのですが、この日は下りるのを絶対に見たいと思い、作業しながらもずっとモニターを見ていました」と、笑う梅元さん。

タンタンが下りる様子については「以前と階段の形状が違うため、比べるのは難しいのですが、ぎこちない様子は感じませんでした」とのこと。

「やぐらでは周りを見渡したりして、なんだか懐かしがっているようにも見えましたね。まぁ、すぐに横になってリラックスするあたりはタンタンらしいなと思いましたが。あの日は気候がおだやかで、タンタンもとても気持ちよさそうに過ごしていたので、慌てて室内へ入れる必要はないと判断し、タンタンの気分に任せようと思いました」

特に名前を呼んだりはせず、タンタンのタイミングを待ったのだとか。

「まぁ、作業と撮影で忙しかったというのもあります」

ついに階段を上りました！※

やぐらの上から、ゆっくりと
景色を眺めています※

落ち葉のベッド、フカフカですね※

この日はお昼過ぎまで、4時間ほど外でお過ごしだったそう。翌日も外の散歩を堪能したというタンタン。この日は岩のテーブルがお気に入りだったようです。

「どこで過ごすかは、タンタンの気分次第ですね。じつはほかの日にもやぐらには上っていました。ただ、タイミングが合わず写真は撮れませんでしたけど」

この日は、ジュースを置いてなくても上ったのだそうで。

「もう階段に慣れたみたいで。なんだかそこもタンタンらしいなと思いました」

この春から、また外での楽しみが増えそうですね、お嬢様。

第5章

いつまでも元気で。すべてはお嬢様のために

01

date 2023年 3月 1日

「おはよう」って言っただけなのに……飼育員さんに朝から「激おこ」のタンタン

お嬢様はご機嫌ナナメ

「おはよう言うただけやのに……」

公式ツイッターに公開されたのは、朝から派手に怒られてしまった飼育員 吉田さんの動画。たまにはこういうこともあるのでしょうか。

梅元さんによると「ふつうにありますよ。人と同じように、気分がいい日もあれば、いまひとつの日もあるのではないでしょうか」。確かに私たちもそういう日はあります。

このときは鼻息も荒く、だいぶお怒りの様子。どういうときにこんな怒られ方をするのでしょうか。

「タンタンに聞けないので、本当のところは分かりませんが、まだ起きたくないとか、ほっといて欲しいのにうるさいなって感じですかね」

「ふむ。大丈夫そうね」※

風が気持ちいいですね※

「おはよう」って言ったら怒られました……
（神戸市立王子動物園公式ツイッターより）

怒られたときはどうやってご機嫌を取るのでしょうか。

「まぁまぁと言いながら、健診前にブラッシングですかね」

大好きなブラッシングとは！　さすが、ご機嫌の取り方を心得ておられます。気持ちよいブラッシングで、ご機嫌を直してくださいませ、お嬢様。

朝の1杯

タンタンの日課となっている朝の1杯。中身はサトウキビジュースに栄養豊富なパンダミルクと薬を混ぜたものです。甘くておいしいのでしょうか、吸い付くようにあっという間に飲み干してしまいます。こどものパンダは水を飲むときにピチャピチャとなめているようですが、この吸引力はおとなのパンダならではのようです。

「詳しくは分かりませんが、おとなとこどもでは身体の大きさも変わってくるので、吸引力も当然上がると思っています」

おとなのパンダは一度にどのくらいの水を飲むのでしょうか。

「そのあたりは個体差があるでしょうし、当園では検証したことがないのでハッキリとは言えませんが、屋内に設置してある水入れには2リットルほどの水が入ります。以前はそれを一気に飲んでいたので、タンタンも一度にそれくらいは飲めると思います」

2リットル！　意外とたくさん飲むんですね。

「以前、中国の方に聞いたのですが、ジャイアントパンダは一日に大量の水が必要なのだそうです。水分を摂る目的が一番大きいと思いますが、竹などの食べ物を飲み込むときにも水を飲むと聞きました。人と同じでジャイアントパンダも、生きるために大量の水を必要とするのだと思います」

あの固い竹を食べるためには、確かに水が欲しくなりそうです。お嬢様には、たくさん飲んで、食べて、健やかに過ごしていただきですね。

ジュースパトロール

一度上ってからは、以前のようにふつうに上り下りするようになったという階段。もう、タンタンを誘うためのジュースは置いていないのでしょうか。

「はい、あれ以降は何も置いていなくても上り下りしています」

よく見ると階段をかじったような跡が付いているようです。

「以前と違う形やニオイが、気になっているのだと思います」

以前との違いが気になりながらも、やぐらへ上る頻度が増えたのはなぜなのでしょうか。

「ジュースが置いてあるかどうかの確認が一番の理由だと思っています。一度でも置いておくと、タンタンはそれを記憶しているみたいで、次からは同じ場所を確認に行くことは以前からありました」

なるほど、記憶力が良いのですね。

「あとは一度上ったことで、階段が大丈夫なことも理解してくれたのかもしれませんね」

設置した当初は、近づきもしなかった階段ですが、ようやくお嬢様の信頼を勝ち取れたようです。

目を見れば分かる？

健診の獣医師さん待ちの間、梅元さんがオリに付いたバーを見ていると、タンタンが「仕方ないわね〜」といった顔で、そっとあごを置いてくれました。

梅元さんはそこにあごを置いて欲しくて、バーを見つめていたのでしょうか？

「タンタンのポジションが良かったので、カメラを構えたまま『あごを置かないかな〜』と思いながら見ていましたね。タンタンがそれを見て、察してくれたのかどうかは分かりませんが」

ほかにも、今までに目線で通じ合ったような出来事はあったのでしょうか。

「この時はたまたま見ていただけなので分かりやすかったのですが、基本的には声をかけながら接していることがほとんどなので、目線だけで察してくれたかどうかは分からないですね」

この後はしっかりと健診をこなしてくれたそうです。飼育員さんと以心伝心できて、ちょっといい気分だったのかもしれませんね、お嬢様。

02 飼育員さんが思わずしょんぼり……タンタンから「フンッ！」の洗礼

date 2023年3月29日

迫力の「フンッ！」

公式ツイッターに公開された動画で、通路に出てくるなり「フンッ！」とお怒りの様子のタンタン。

「いつも開いている扉が開いていないので外に出せということだったのかもしれません」と梅元さん。この時の担当はもう一人の飼育員で、自称「オレ、タンタンに嫌われてんねん」の吉田さん。梅元さんは「そんなことないと思いますけどね」と、笑います。

「僕だって通路に下りてくるときに、オリ越しに近くにいたら『フンッ！』とやられますね。近くにいることにびっくりして、イラッとするのかもしれません。離れていたらやられませんよ」

飼育員さんたちは二人とも平等に、この「フンッ！」の洗礼を受けているようです。

ほかにも、タンタンにイラっとされるときはあるのでしょうか？

「健診のときに獣医師の準備に時間がかかって、待たせすぎたときなどですかね。あとはブラッシングをなかなか終わらせてくれないとき。要求を無視して終わらせたら『フンッ！』ってやられますよ。でも、『フンッ！』ってやられても、僕らはタンタンとの距離感を分かっているから大丈夫なんです。でも、これをやるときはグッと加速してくるので、意外と動きが速いんですよ」

長くお世話をしている飼育員さんたちは、大体タンタンのあしが届く範囲が分かっています。そのため、あしが届かない安全な位置でお世話をすることができるのです。

新人さんにブラッシングを任せられないのは、まだそのあたりの感覚に慣れていないから。正しい距離感を分かってもらうことが、どんな動物でも大切なことなのだそうです。

春眠……しかしジュースは欲しい

公式ツイッターで公開された眠そうなタンタンの顔。この後どうしたのでしょうか。

「今朝はすぐに起きましたよ。今日はジュースを飲んでから、長く寝るパターンですかね。眠そうな顔をしていたので分かります。朝も起きてこないかなと思ったけど、そこはちゃんと起きてきましたね」

眠くてもジュースは欲しかったようです。

最近は、リンゴやニンジンも食べているそうです。

「もう半年以上は食べていなかったと思うので、本当に久々です。やっぱり食欲が上がってきていますね」

先日はおやつに竹を召し上がったようで。食欲があることは何よりですね、お嬢様。

獣医師さんはジュースまみれ

大好きなジュースに夢中のタンタン。この日の健診ではジュースの入れ物の下にある獣医師さんの手がジュースまみれになっていました。

「機械はある程度配置を考えていますので大丈夫です。下に吸水マットを敷いているのですが、終わる頃にはビチョビチョになっています。もちろん獣医師の手もビチョビチョですよ。コップを傾けたりするタイミングである程度は調整できますが、全然ぬれないのは無理ですね」

獣医師さんは、いつもぬれるのを我慢しているようです。

「獣医には袖をまくって、時計を外すように伝えています。ツメに引っかかりそうなものを外すことで、ケガをするリスクを最小限に抑えています」

ニンジンを寝食いするタンタン※

通路で日光浴中です※

至福のブラッシングタイム※

服は動物のツメに引っかかってしまうことがあるそうで、健診のときには基本的に袖をまくるようにしているのだとか。時計のベルトも同じです。

以前タンタンは、こうしたトレーニングや健診後には、そのままオリの中で休憩をしてから帰っていましたが、最近は早く帰りたがるのだそう。

「あそこ（オリの中）で寝られるよりはいいですけどね。タンタンもだいぶ長くやっているので、大体どのくらいで終わるかが分かっています。そこで寝ていても、追い出されるのが分かっているので、早く出ていくのかもしれませんね」

午前中に健診をして、ジュースもたくさん飲んで満足しているようで。

「もうすることがないなら出して欲しい、ということなんでしょうね。早く一人でのんびりしたいのだと思います」

なるほど。ひと仕事した後には、のんびりとお昼寝を満喫したいのですね、お嬢様。

ご機嫌ナナメのときは、健診の途中でも出口の方へ行ってしまうこともあるそうで。

「そういうときは、ブラッシングやジュースなどで機嫌を取って、続けるようにしています。どうしても無理そうな場合は、ストレスになってしまうといけないので、途中で終えて外に出す場合もあります」

外に出たいときは出口の方へ行き、おでこで戸をたたいて「フンッ！」と威嚇するのだそう。

その後は出口の前で、どっしりと腰を落としてふて寝のポーズがお決まりのようです。

「ただ、ゴネたら出られるというのを覚えてしまうといけないので、なるべく機嫌を取って続けるようにはしています」とも話してくれました。

魅惑のブラッシング

最近のタンタンはブラッシングの場所を指示してくるようになったそう。ブラッシングの気持ちよさに、すっかりハマってしまっているようです。

「だんだんやり方を覚えてきたな……といった感じですね。今は冬毛が抜けてきている時期なので、かゆいし違和感があるのではないでしょうか」

現在、週の半分ぐらいはブラッシングをしているとのこと。タンタンの要求も、最初はブラッシングをして欲しい所へ向きを変える程度でしたが、そのうちにして欲しい場所を押し付けるようになり、ついには前あしで、して欲しい場所を指示するまでになりました。

「面白いな。そんなんまで覚えたん？　と思いましたね」

タンタンがブラッシングしてもらいたがる部位はどこでしょう。

「背中やお尻など自分の手が届かないところですかね。最近は脇腹も指示してくるようになりました。脇腹はタンタンの顔が向こうを向いているときにしてあげるようにしています」

できる範囲で、お嬢様の希望をかなえてあげているようです。

おいしいものに気持ちのいいブラッシング。春のお楽しみは尽きませんね、お嬢様。

03

date 2023年4月26日

「外に出してあげたい」飼育員さんの熱意が生んだ「お庭プロジェクト」

お庭の白い幕

取材日の朝、「今日は朝来たら、タンタンは寝ていましたね」と話す梅元さん。

起きたらいつもどおり、薬入りのサトウキビジュースと根《ネ》曲竹《マガリタケ》で優雅にモーニング。

最近、開園日でも外を散歩できるようにと、お庭に目隠し用の柵が設置されました。工事には休園日と翌日の2日ほどかかる予定でしたが、設置業者のみなさんのがんばりによって1日で完成。タンタンは翌日からさっそくお庭を散歩したそうですが、目隠し用の柵にはすぐ慣れたのでしょうか？

「出入口でキョロキョロしていましたよ。設置後2、3日は周りをうかがうような、ちょっと落ち着かない様子でしたね」

その後は1週間ほどで、この環境にも慣れてきました。

そもそも、なぜ柵を設置することになったのでしょうか。

「休園日以外の日も外に出したいという話が、僕と吉田さんの間で上がっていて。外へ出ることで行動時間も増えるため、園にも相談をしてオッケーをもらいました」

二人の飼育員さんの意見はタンタンにとっても良いことだったため、園からの許可が出るのも早かったそうです。

目隠し用の柵は、工事で使う防音の遮へいシートを使用したオーダーメイド。

「業者さんにも相談しながら、みんなで見えるところがないか、隅々までチェックしました」

ゾウ舎に近い東側の場所などは、通路に人が集まって通行の妨げにならないように、柵が少し高めになっています。

やぐらでのんびり

お庭に出ているタンタンの様子はどうなのでしょうか。

日差しが柔らかいうちに日光浴です※

目隠し用遮へいシート
取り付けのお知らせ

旬のタケノコもしっかりとニオイ
を嗅いで選びます※

「以前と大きくは変わりませんよ。毎日庭に出るわけではなくて、通路で寝ていることもあります。出入口を開けて、あとはタンタンの気分次第です」

お庭に出たときはやぐらで眠ったり、お庭をウロウロとパトロールしたり、お嬢様は以前と変わらずお過ごしのようです。

「朝ごはんは、外に置くようにしているんです」

やはり少しでも出て欲しいようです。外に出ることのメリットは日光浴ができること。

「屋内とは違う環境で過ごすことで、いい刺激にもなりますからね」


一方、デメリットは、これから上がってくるであろう気温です。寒い地域に生息するパンダは、暑さが苦手。様子を見ながら、なるべく早朝で気温が低い時間帯に出しているのだとか。

「健診との兼ね合いもあるので、遅れないように中に入ってもらいます」

今は午前中に自分から中へと戻ってくるようです。これもやはり気温の関係かもしれませんね。

最近はモーニングジュースの後お庭をお散歩、お外で朝食、屋内で健診というスケジュールをこなしています。

「真夏は出しても空調が効く通路まで。外には出せませんね」

最近は酷暑が続いていますものね。お嬢様がお外で過ごせるのは、あとひと月ほどになりそうです。

タケノコも選びます

今が旬で、一番喜んで食べるという根曲竹《ネマガリタケ》のタケノコですが、グルメなタンタンは、こちらもえり好みしています。

「目で見てニオイを嗅いで、柔らかい上の部分から食べることが多いですね。下の方の固いところだけ器用に残していますよ」

最近採れだした布袋竹《ホテイチク》のタケノコは、根曲竹《ネマガリタケ》ほどキレイには食べないのだとか。そして今年一番の孟宗竹《モウソウチク》のタケノコにも、じつはまだ手を付けていません。

「タケノコなら何でもいいというわけではないんです。孟宗竹《モウソウチク》のタケノコに関しては、もう少し育った方が好みなのかもしれませんね」

そういえば昨年も、見た目はほぼ竹のような大きなタケノコを楽しんでおられましたっけ。いろいろこだわりがおありになるのですね、お嬢様。

夕方以降は、ニンジンやリンゴなどのおやつを楽しんでいます。お散歩においしいもの。ステキな日々をお過ごしのようで何よりです。

04

date 2023年 6月 14日

タンタンは激しくお怒り？ 飼育員さんに「ご機嫌ナナメのワケ」を聞きました

お嬢様の「ガウッ！」

近すぎたり、ご機嫌を損ねたりすると出てくる「ガウッ！」という声。6月1日の公式ツイッターによると、飼育員の吉田さんが、またお嬢様に「ガウッ！」をいただいていたようです。梅元さんによると「タイミングですかね、あとは位置が近すぎたとか。僕もされることがあるし、なんとも言えません」

そこはタンタンの気分一つなのでしょうか。

「でも、回数的には吉田さんの方が多いかも」と、こっそり教えてくれました。

吉田さん、ファイトです！

自分からはオッケー

タケノコに夢中なときは、少々近くても怒られません※

検診終わりの休憩です※

すき間からこんにちは※

6月5日のツイートでは、カメラが近くまで寄っていましたが、ここでは「ガウッ!」はなかったですよね。

「このときはタケノコに集中しているため、ガウッ! はないですね」

この場合、カメラは気にならないのでしょうか。

「自分で近づくのは目的があって来ているのでOKなんです。この場合はタケノコが欲しかったんですよね」

最近お気に入りの、園内で採れる根曲竹《ネマガリタケ》のタケノコ。そのタケノコを熱心にお世話しているのは、吉田さんなんですよ、お嬢様。

先日は、このタケノコで久々の二刀流も見せてくださったようで。

「リンゴでもニンジンでも、持ちやすいものは、ああして両方の前あしで持ちますね」

食べ物を両方の前あしで持つのは、やはり食欲がある証拠。しかし、よっぽどおいしいタケノコなのですね。

ケージで休憩

健診が終わった後のタンタンですが、オリの中で動かずに休んでしまいました。こういうことは、たまにあるそうです。

「扉を開けても出ていかないときは、そのまま放置しておきます」

あくまでタンタンの気が向くまま過ごさせているのだそう。

「タンタンも分かっているのか、気がすんだら出ていきますよ」

昨年は健診終わりに、疲れてそのまま転がるということがよくあったそうですが、今はだいぶ減っています。冷たいケージの床は、ちょっと休憩するのにちょうどいいのかもしれませんね。

雨の日タンタン

先日の大雨で、王子動物園も昼から臨時閉園となりました。

「雨は強かったのですが、音はそこまでひどくなかったですね。風が強いと音が出ますが、そこまで強くはなかったので、タンタンも気にする様子はありませんでした」

お庭に設置された幕も、たたまなくてよかったかな？　くらいの風だったそうです。もちろん用心にはこしたことはありません。

タンタンも外には出せず。

「部屋の中でいつもどおりゴロゴロして過ごしていましたよ」

大雨なんてどこ吹く風。いつでもマイペース、心のままに過ごせているようでよかったです、お嬢様。

05

date 2023年7月19日

飼育員さんが植えた「ひまわり」に込められたメッセージが素敵すぎる

パンダ館のひまわり

7月13日の公式ツイッターで紹介されていた、パンダ館屋上のひまわり。じつは今年初めて植えたのだとか。

梅元さんは「吉田さんの趣味です」と、笑います。

「5月くらいに吉田さんがひまわりの種を持ってきて、『梅ちゃん、植えてもええかな』と。それで植えたんです。パンダ館がさびしいので、少しでも目にとまるものがあればという思いが、吉田さんにもあったんだと思います」

吉田さんとしては、ひまわりの花にパンダ館の正面を向いて欲しかったそうですが、これぱっかりは自然のこと。何はともあれ、明るい色のひまわりのおかげで、パンダ館はとてもにぎやかになりましたね。

パンダ館の屋上に咲いたひまわり※

タンタンの後ろにひまわりが見えます※

とてもきれいに咲いていますが、ここに来るまでには、広報さんも合わせて3人のがんばりがありました。

「まず雑草をキレイにしてから、土を耕しました。本当、筋トレいらずなくらい大変でしたよ」と、梅元さん。思わぬ重労働でしたが、ひまわりの成長は楽しみだったようで、「でもやっぱり、芽が出てきたときはうれしかったですね」

その後は、飼育員二人で水をやり、世話をしながら見守ってきたひまわり。みなさんもパンダ館近くに来られた際は、ぜひ屋上に目をやってみてくださいね。梅元さん曰く〝吉田農園〟のひまわりは、もっと増やしていく予定。にぎやかになっていくパンダ館の姿が、今からとても楽しみです。

早起きのワケは

取材日のタンタンは早朝からタイヤの上。

「最近は早起きですね。去年は目が覚めていても、呼ぶまでゴロゴロして起きてこなかったのに」

一番の理由は「おなかがすくから」のようで、夜中のビデオでもモリモリと竹を食べています。

夜間に置いている竹の量もずいぶん多いようですが……。

「10キロ前後は置いて帰りますね。選んで食べられるように多めにします。足りないのが一番ダメなので」

食べていなくても、いろいろな竹の香りを嗅ぐことで、エンリッチメント効果があるのではないかとも話してくれました。

7月7日のツイートでは、朝からタイヤの上でスタンバイ。

「最近、朝はここにいることが多いですね。僕らが来たらすぐに気づけるように、待っているのかもしれません」

朝は薬入りのジュースを飲んでニンジンを食べ、診察まで寝るというのが、最近のルーティンだそうです。

「ニンジンは野菜なので、糖分を気にせずにたくさんあげられます。食欲があるうちにたくさん食べて欲しいですね」

今はお嬢様もニンジンの気分のようで、心地よい音を立てながら、モリモリと召し上がっているそうです。

絵画のようなお嬢様

光に照らされてまるで一枚の絵画のようなタンタン。神々しさを感じるようなこちらは、どのような状態で撮られたのでしょうか。

まるで一枚の絵画のよう。タイトルは「竹を食む乙女」※

何か楽しいことをお考えですか？※

「ちょうど帰宅時間だったので電気を消して、タンタンは寝室に座った状態でした。展示場の天井からの光が差して、とてもいい感じだったので、慌ててカメラを持ってきて連写しました」

この時期の夕方はいつも、展示場から自然光が差し込むのだとか。

そろそろ気温も上がってきて、タンタンもあまり外には出ていません。

「最近は朝でも26度くらいあることがザラなので、休園日に天気や気温を見て出すくらいですね。タンタンも出入口を開けても、ちょっと外をのぞくくらいで、あまり出たがりませんよ」

暑い外へ出なくても、格子越しの日光浴や部屋の中で自然光を感じられるので、満足のようです。夜の間はモリモリ食べて、タイヤで一人遊びをして。朝になって飼育員さんたちが来るのが待ち遠しいですね、お嬢様。

06

date　2023年　9月20日

28歳の誕生日を迎えたタンタンへ。飼育員さんと獣医師さんからのメッセージ

お誕生日当日の様子

9月16日は、タンタンお嬢様28歳のお誕生日。当日は入園者に吉田農園のひまわりの種が配られることもあり、開園前から長蛇の列ができました。飼育員の梅元さんによると、7時過ぎにはすでに数名が並んでいたのだとか。ひまわりの種の整理券は、あっという間に配布が終了してしまいましたが、来年は全国さまざまな場所でお嬢様のひまわりが見られそうです。

午後からは、現在のお嬢様の様子が報道陣に公開されました。いつもならお昼寝の時間だけに「寝ておられるかな?」と思いきや、パッチリと目が開いています。報道陣の気配を感じたのでしょうか。でも、この後すぐに夢の中へ。

寝ているタンタンの前で取材に応じてくれたのは、飼育員の梅元さんと同園の動物病院担当係長で、獣医師の菅野《かんの》さんのお二人。そう、お嬢様に「お前か!」という目で見られてしまうあの菅野《かんの》さんです。

最初に28歳を迎えたことへの感想を聞かれると、梅元さんは「獣医師たちも一緒に過ごしたこの1年は長いような短いような感覚です。でも無事に28歳を迎えられて非常にうれしいです」とコメント。続いて菅野《かんの》さんは「病気の発症から2年を超えて、どこまで持ってくれるかと思いながら治療にあたっていました。28歳を迎えられてうれしいです。来年も同じようにここで取材を受けることができたら」と話します。

「来年も同じように」ファンみんなの願いですね。

いつでもタンタンファースト

2021年3月に心臓疾患が判明してからは、中国ジャイアントパンダ保護研究センターや大阪公立大学からアドバイスを受けながら一緒に治療を進めています。

梅元さんは「基本はのんびり、タンタンファーストで過ごしてもらっていました」と話します。この1年は、タンタンになるべく負担をかけないように意識していたそうです。

菅野《かんの》さんも「獣医師も同じ、無理はせずに。タンタンが受けたいときに可能な診察をして、結果をフィードバックしています。タンタンは入院しているおばあちゃんのような存在です」とのこと。

身内のように大切にされているということでしょうか……。

おばあちゃん発言については、お嬢様には黙っておきますね。

タンタンへのメッセージ

当日は一般観覧こそなかったものの、現在閉鎖中の屋外展示場の通路を開放して、タンタンへ

左から菅野さん、タンタン（奥）、梅元さん

筆者がノートに書いたメッセージ

誕生日当日に配られた、パンダ館屋上のひまわりの種

のメッセージノートを設置。暑い中、ファンのみなさんが集まり、思い思いにお庭を眺め、タンタンへのメッセージを書き込んでいました。

梅元さんも「以前、トワイライトZOOのときもノートを置いて、たくさんの温かいメッセージをいただきました。今回は遠方からもたくさんの方がお祝いに来てくださるようだったので、タンタンに会えない中でも、何らかの形でお誕生日に関わっていただければと思って設置しました。まだ軽くしか読めていないのですが、とてもうれしくなる温かいコメントをたくさんいただきました」と話します。

ノートには、思わず目頭が熱くなるようなみなさんの思いや、かわいいイラストがたくさん。ステキですね、お嬢様。

公式SNSへ寄せられるコメントについても「とても励みになります」と、話す梅元さん。菅野《かんの》さんも「獣医師が一生懸命治療していることを、分かっていただけているようなやさしい言葉に、病院スタッフ一同みなうれしそうにしていますよ」と、教えてくれました。

現在の体調については、ピーク時よりは活動量や食欲が落ちているとしながらも、「一定の水準で落ち着いていて、維持できています」とのこと。

これもみなさんによる懸命な治療のおかげですね。

タンタンファンのみなさんへ

そんなお二人に、ファンの方々へのメッセージをいただきました。

梅元「本当は観覧できるのが理想だと思いますが、現在は体調を考えて観覧休止中。みなさんにさびしい思いをさせていると思います。そのぶん、公式ＳＮＳやＹｏｕＴｕｂｅでタンタンを感じてもらえたら。これからもがんばっていくので、応援していただければありがたいです」

菅野「今日は、僕の出勤前から行列ができているのを見て、タンタンは会えないながらもこれだけの人に思われていると実感しました。もちろん生でタンタンに会いたい気持ちはよく分かります。でもタンタンのことを考えれば、今のような体制が一番。そんな中でもＳＮＳで温かい言葉をいただき、感謝しています。今後も今までどおり温かく見守ってもらえれば」

いつでもタンタンファーストなお二人。今までどおり、お嬢様をよろしくお願いします。

チームタンタンの思い

取材はパンダ館の観覧通路で行われましたが、取材陣の前でもいつもどおりお昼寝中のお嬢様。「先ほどからずっと寝ていますね。眠いときは寝る、最近はそういう感じで過ごしてもらっています」と梅元さん。

現在は横になっているだけなのかと聞かれると、チラリとタンタンの方を見て、「今は……熟睡状態ですね」と、笑います。

取材陣がいてもお構いなし。いつでもマイペースなお嬢様なのですよね。

心臓疾患が見つかってから2年以上が経ち、現在は診察や薬の投与も落ち着いてできるようになってきたそうで。

「回復というわけではないですが、状態は安定しています。体調にも波がある中で、少しでも高い位置で保てるように努力しています」

現在（※取材時）、タンタンの貸与期限は2023年の12月末まで。「前回は体調を理由に延長されましたが、今後は？」との質問に、菅野《かんの》さんが「タンタンの体調によるとは思いますが、日中双方でコミュニケーションを取り、中国へ帰るかどうかはその都度の判断になると思います」と答えました。

「一般公開の再開については、何らかの目処が立っているわけではありません。タンタンの体調を見ながら、中国との話し合いで決めていくと思います」とのこと。

タンタンの心臓疾患に関しては、日中双方の専門家が「当面の間、継続的な検査による病状把握と適切な獣医療が必要な病状である」と判断して、現在に至っています。病状が回復して欲しいというのはみなの願いですが、いずれにせよ、タンタンファーストな状態が保たれることを願ってやみません。

タンタンのこれからについて梅元さんは、「回復して欲しいし、以前の状態に戻ってくれるのが一番理想ですよね。でも心臓の疾患というのは完治というのが難しい。今の状態を保ちつつ、長生きして欲しいですね」と話します。

現状維持、それでも長生きして欲しい。きっと、みんな同じ気持ちなのですよ、お嬢様。

あれ？ ケーキは？

タンタンのお誕生日といえば、毎年飼育員のお二人からケーキのプレゼントが恒例でしたが、ここ数年は心臓疾患のこともあり、少し控えめになっていました。さらに今年は、中国駐大阪総領事館から立派なケーキがプレゼントされました。繊細なカービングでタンタンの姿が施されたスイカに、総領事館の若手職員が現地でフルーツを飾り付けて仕上げた本格派。タンタンを〝外交官の先輩〟と慕う、薛剣《せつけん》総領事からの計らいです。

お嬢様のパティシエ、吉田さんはこのケーキをどう見ていたのでしょうか。梅元さんによれば「ケーキのクオリティに驚きながら『ズルいわ～』と、つぶやいていましたね」とのこと。

「ズルいわ～」とはどういうことでしょう。

「去年まで毎年二人でケーキを用意していたんですが、今年はタイミングが合わず用意できてい

ませんでした。僕らのはどうしても素人感というか、手作り感が出てしまうので、プロが作った

中国駐大阪総領事館からのプレゼントです※

たくさんの報道陣の前でも
マイペースなお嬢様

カメラマンたちへ
サービスポーズ

ものを見て、思わず出たひとことじゃないですかね」

今年は吉田農園のお世話も忙しかったですものね。

この日お休みだった吉田さんにも、タンタンへのお祝いメッセージをいただきました。まずは、無事に28歳を迎えられたことへの思いから。

「よく誕生日を迎えてくれてありがとう。おめでとう。病気が分かって2年半ほど経ったのか、とても短い期間に感じます。帰国決定にびっくりしていたのが懐かしいです。また次の日が始まりますが、今はひととき28歳になれてよかったと思わせてもらいます」

帰国のお話は突然でしたものね。

そして、28歳のお誕生日を迎えたタンタンにメッセージをお願いすると……。

「28歳になったね。分かるかな。また一日一日積み重ねて一年がんばりましょう。体調については、行動や声など何でもいいのでアピールしてください。できる限りのサポートはしますので。そして、一つお願いがあります。私への塩対応が見受けられるのを、少し緩和願いますね」

公式YouTubeの生配信でも話題になっていた、お嬢様の「ガウッ」吉田さん多め問題。気にしておられたのですね。大丈夫ですよ、吉田さんには、ブラッシングをするための〝きいろ（いブラシ）〟があります。これからもファンも含むチームタンタン一同で、お嬢様を応援していきますね。

第6章

ありがとう、お嬢様

01 動物園のパンダはタイヤが大好き！その意外な理由をご存じですか？

date 2023年10月11日

タイヤが好き！

小脇に抱えたり枕にしたり、小さなタイヤ愛が止まらない様子のタンタン。どこがそんなにお気に入りなのでしょうか。

「サイズ感がちょうどいいのかもしれませんね」と梅元さん。

梅元さんによると、小さい頃はパンダもおもちゃなどで遊ぶ様子がよく見られるのだとか。

「中国では以前、2歳くらいまでのパンダのスペースに、人間の子ども用のおもちゃが置いてありました。木馬型のものなどを動かして遊んだり、お気に入りをくわえて運んだりしていましたね」

さらに、飼育員さんが使う掃除用のごみ箱にじゃれついたりすることもあったようです。

「1、2歳くらいのときは、よくいろんなものにちょっかいを出して遊びますね。ただタンタン

タイヤを小脇に抱えるタンタン※

タイヤを持ってどこかへ
お出かけですか？※

そばにあると落ち着くの
でしょうか※

くらいの年齢になると、あまりないことです」

タンタンも初期のパンダ館では、竹筒に穴を開けてエサを入れたフィーダーや、麻縄を編んだボール、タイヤでも遊んでいました。

「タイヤに関しても、昔はかんで遊んでいたのが、今はくわえて運んだり、枕のようにしたり。手の届く所に置いて遊んでいます。こうすると何かしら落ち着くのかもしれません。メスのパンダは一般的に今がちょうど、子育ての時期ですので、もしかしたらホルモン的な要素もあるかもしれません。臆測ですが、持ちやすいサイズと重さで、近くに置いておきたいのかもしれませんね」

過去に2頭のこどもを亡くしているタンタン。この時期にはニンジンや小石、竹などを抱っこしていたこともありました。そういうご気分になる時なのでしょうか、お嬢様。

二度寝でウトウト

取材日の朝、タンタンは寝室で寝ていましたが、すぐに起きてきました。

「ジュースを飲んですぐ寝るパターンですね」

起きてすぐの二度寝も今はよくあることだそうで。

「少し動いて休んでの繰り返し。年齢的な要素もあると思います」

二度寝してしまったときは、通路を開けて好きにしてもらうのだそう。どうしても起きないときは、起きてくるまで待つのだとか。

それでもジュースの気配を感じると起きてくるというタンタン。

「朝はそこそこに動くんです。ジュースには薬が入っているので、時間を空けるためにも早く飲んでもらわないと」と、梅元さん。ジュースを飲んでから、タンタンを移動させて室内のお掃除というスケジュールです。

夕方はガッツリ寝てしまって反応が薄いそうなので、掃除や健診など大事なことは午前中が吉なのですね、お嬢様。

久々のお散歩

10月3日の公式X（旧ツイッター）には、この秋初となる外での散歩の様子がアップされていました。

「気候と温度を見て、気分転換にいいかなと思って外に出しました」

出入口を開けると、タンタンはためらうことなく外へ出たそうです。

「外を1周して、周りを見渡し、風を感じている様子でしたね」

気がついたら岩のテーブルでボーッとしていて、しばらくして自分から帰ってきました。40分

久々の散歩を楽しみました※

やぐらの上でお休み中※

ほどのお散歩。この日はやぐらの階段を上らなかったそうです。

翌日には、階段を上ってやぐらでくつろぐ様子もアップされていました。

「階段があったことを思い出したんじゃないですかね。もう覚えているので、昨年のように警戒することはないです」

お気に入りの場所は、昨年と同じ岩のテーブル。

「前あしを預けられて、体勢が楽なんじゃないですかね」

公式YouTubeの動画では、池をのぞいて「水がないわ」というようなしぐさも見られましたが……。

「今は短い時間なので水がなくても問題ないです。もう少し長い時間出せるようになったら、少し水を入れてあげるかもしれません」

もう少し涼しくなったら、おみ足を踏ん張って水を飲む愛らしいお姿が、公式Xで見られるかもしれませんね。

「外に出したときはわりと長々と過ごしていたので、気持ちよかったんでしょうね。気候と体調を見て、出せそうなときは少しでも出してあげたいです」

これからしばらくは、屋外の散歩が楽しめそうです。

吉田農園の秋

パンダ館の屋上、夏の間はひまわりが咲き誇っていた吉田農園では、秋のコスモスの植え付けが終わった様子。

「植えるタイミングが遅かったんで、ちょっと背が低いんですよね」

ひまわりのときは土にタンタンのフンを混ぜたそうですが、今回は前の土を再利用したので、特にフンは足していないのだそう。フンを肥料にしたことについては、「中国にパンダのフンを肥料にした木で作ったティッシュがあって。そこから思いついて」とのこと。

なるほど。そういう商品があるのですね。次から次へといろいろなアイデアを思いつく飼育員さんたちには、本当に頭が下がりますね、お嬢様。

02

うわあああドロドロになっちゃった！ でもどこか満足気なパンダにハマる人続出

date 2023年11月29日

ミルクリングは〝おいしい〟の印

気温が落ち着いてきて、タンタンの外の散歩もはかどります。11月9日の公式ＹｏｕＴｕｂｅでは、地面に寝転がりかなり激しく土浴びをしていました。運動量も増えるかと思うのですが、土浴びをした後は何か行動に変化はあるのでしょうか。

「行動の変化と言えるかは分かりませんが、やはり運動して疲れるのか、いつもよりも熟睡しているような気がします」と笑う梅元さん。

パンダにとっても適度な運動は大切なようです。

「行動量が少しでも増えてくれると、食欲増進にもつながりますし、歩くことで足腰も鍛えられるなど、やはりうれしい効果はあると思います」

一時期、大好きなサトウキビジュースを飲まなかったこともあるようですが、今は以前と変わらない様子でしょうか。

「はい、良い勢いで飲んでくれていますよ」

お口にもしっかりジュースに含まれるパンダミルクのあと〝ミルクリング〟が付いています。

「口の周りは自分でなめ取ってくれるのですが、顎の下は気がついていないのかよく残っていますね」

お口周りに白いリングを付けて。とてもキュートなお姿ですね、お嬢様。

魅惑の竹布団

11月17日の公式Xでは、竹のお布団が「最近のマイブーム」と紹介されていました。食べているうちに、そのまま眠ってしまったのでしょうか。

「夜の映像を見ていると、竹の選別をしている途中でゴロンと横になっているようなので、お気に入りがないからもう寝よって感じなんですかね」

本当に竹に厳しいお嬢様ですね。

寝室に竹を運ぶ日とそのまま食べている所で寝ている日がありますが、気候などの条件が関係しているのでしょうか。

「単純に気分だと思っていますが、理由は僕がタンタンから聞きたいくらいです」

食べる竹と上に寝る竹。何か違いはあるのでしょうか。筆者も理由が知りたいです、お嬢様。

見ていましたよね？

11月15日の公式Xでは寝台に上がるとき、扉が開いたままのトレーニングルームの入り口を一瞬、気にしたように見えました。

土の上でドロドロに※

お外を満喫しましたね※

お口の周りにミルクリングが付いていますよ※

吉田さんは「開いているのは分かっていたと思いますが、来なかったですね」と話します。

この日はトレーニングルームには入りませんでしたが、そこはいつものタンタンファースト。無理はさせなかったそうです。

動画では寝台の木をかじってあった部分が、少しなめらかになっているように見えますが、削ったのでしょうか。

「最近ではなく少し前に削りました」

タンタンがさわってケガをしないように、キチンとお手入れされているようです。

「(手入れは) なたやチェーンソー、やすりなどで削る程度です。もちろんタンタンの外出中にします。削ると木の香りがたつので、そこを匂ってかんでしまうときもありました」

さすがニオイに敏感なお嬢様。でもせっかく削ってもらったのですから、かまないでくださいね。

今日は「ハウッ」

11月16日の公式Xでは、「おはよう」の4枚目の写真が「ガウッ!」される一歩手前に見えます。

この日は「ガウッ!」されましたか?

「ハウッ。くらいです」と吉田さん。

なるほど「ガウッ！」にも段階があるのですね。

以前、態度がやさしくなったと聞きましたが、最近「ガウッ！」の頻度はどうなのでしょう。

「めっきり減りました。もう飽きたのではないですかね」

その油断が「ガウッ！」につながるのでは……と思いつつ、言葉を飲みこんだ筆者なのでした。

03

date 2024年 2月21日

「これは詐欺でしょ！」飼育員さんも思わず笑ってしまったタンタンの衝撃行動

入る、入る詐欺

トレーニングルームへ入ってくるだけで、すぐ外に出てしまったタンタン。2月1日に投稿された公式Xの動画です。最近でも、こういうフェイントは多いのでしょうか。「以前は『入る、入る詐欺』を良くされていましたけど、僕は最近されないですね」と、笑う梅元さん。

この日は、もう一人の飼育員 吉田さんが担当していたようです。

一度出ていっても、また入ってトレーニングをすることはあるのでしょうか。

「入ってきてくれたら、トレーニングしてくれますね。出ていってお水を飲んでから、また帰ってくるというパターンもあります」

公式ＹｏｕＴｕｂｅには、トレーニングルームで待っていたのに、２回もかわされる様子が映っていました。もしや、飼育員さんたちの反応を楽しんでおられるのですか、お嬢様。

ゴロンのお作法

２月６日の公式Ｘでは、通路で日光浴を楽しんでいたタンタン。

「起こしにいくこともありますが、大体は自分で戻ってきてくれますよ」と梅元さん。

ある程度、日なたを堪能したら自分で部屋へ戻るのが、お嬢様のスタイル。屋内へ戻ったら、今度は寝台の上でお昼寝です。

寝台で寝転がるときは、お尻から位置を決めることが多いそうですが、顔からとお尻から、何か違いはあるのでしょうか。

「見ている限りでは特に何か違いがあるわけではないと思うので、タンタンの気分だと思います」

この日はゴロンする前に、念入りにニオイを嗅いでいましたよね。

「最近は寝台で過ごすことが多くなってきたので、毎日念入りに掃除をしています。そこが気に

カメラが捉えた「入る入る詐欺」の様子です※

耳の辺りをクシクシしています※

おや、目が合いましたね※

なるのかもしれませんね」

そんな細かいことに気づくとは。違いの分かるお嬢様なのです。

寝ているときでも、ノドが乾いたら下へと下りてしっかりと水分を補給。タンタンが一日に飲む水分量に関しては、「量ったことがないので、ハッキリとした数字は分かりません」とのことですが、高齢になると食事の量も減り、食物から摂る水分も減るかと思います。水を飲む量も、年齢によって増減したりするのでしょうか。

「高齢個体は若い頃と比べると、当然、食事の量も減ってきますが、水分摂取量は年齢によってあまり変わりはないようです。年齢だけではなく個体差の部分もあると思います」

キチンと水分補給をして、いつまでも元気でいてくださいね、お嬢様。

大熊猫ですもの

耳の辺りを前あしでクシクシとなでる、猫みたいなタンタン。これはどういったときにする動作なのでしょうか。

「かゆかったり、何か気になったりしたときにします。一番良く見られるのは、今のような季節の変わり目なので、毛づくろい的なものなのかなと思っています」

けっこうしつこくクシクシ。

「もう少しで毛の生え替わりの時期なので、気になるのかもしれませんね」
そういえば、小さなタイヤで遊ぶ姿もまるで猫のようでしたね。最近見かけないなと思ったら「最近は、遊ばなくなりました」とのこと。あんなにお気に入りだったのに、タイヤブームは去ったようです。次はどんなブームが来るのでしょうね、お嬢様。

04

「少しでも食べてもらえれば……」ジュースで栄養を摂っているタンタンの様子

date 2024年3月20日

お嬢様のガジガジ

春は名のみでまだ風は冷たいですが、パンダには過ごしやすい気温が続く日々です。タンタンも、天気の良い日にはいつもお庭でくつろいでいるようです。最近はやぐらの上でお昼寝することも増えてきました。3月5日の公式Xでは、飼育員さんたちがやぐらへ上る階段を整えていました。どうやらタンタンのかみあとが気になったようです。

「そこまで酷いってほどではなかったんですけど、気になったので。吉田さんがきれいにしてくれました」

梅元さんと吉田さん、二人で作業をしたのですね。

「良くかんでいた所は、上るときの階段の前の部分や、一番てっぺんの部分ですね」

遠目にはきれいに見えましたが、たくさんかんでしまっていたようです。梅元さんはこういう作業が苦手とのことでしたが、動画で削っている手は、吉田さんでしょうか。

「はい、うちの工作担当の吉田さんです」と、笑う梅元さん。

吉田さんはいつも、お庭やパンダ館屋上の農園のお手入れに精を出しておられるようです。動画では道具を動かしながら、なめらかになるように表面を削っています。園にはこんな道具もあるのですね。これはほかに、どんなことに使うのでしょう。

「角がとがっているものは生き物に渡すとケガをしてしまう恐れがあるので、そういうものの角を丸くしたりするときにも使用します」

作業中にはタンタンは屋内に入っているのでしょうか。通路を開けていたら、音にビックリしたりしませんか?

「作業中は当然大きな音が出るので、びっくりさせないように、屋内に入ってもらってから行います」

「いーかーない」。お出かけは気分次第なのです※

フライパンからジュースを飲むタンタン※

やぐらの上から。お口にはミルクリングが……※

作業自体は削るだけなので、数分程度で終わるそうです。きちんとお手入れされた階段。なんだか気持ちがいいですね、お嬢様。

少しでも食べて

3月6日。公式ホームページにアップされたスタッフブログには、「タンタンは2023年10月頃から固形物を食べなくなり、現在はジュースで栄養を摂っている」との一文がありました。ファンとしては心配なことです。ただ、現在もお庭を散歩したり、土と戯れたり、日光浴を楽しんだりと、生活の質は落ちていないように見えます。体調も安定しているとのことですが、この状態になって、より気を配っていることはあるのでしょうか。

「ジュース（投薬）には、特に気を遣うようになりました。もともと投薬の目的で与えていたものが、食事と同じ意味まで持つようになってしまったので、飲んだ量や気に入って飲んでいるか。いつもより飲まなかったときは、何が気に入らなかったのかなど、以前よりもより神経質に見るようになりました」

固形物を食べない今、大切な栄養源になったジュースには、とても気を遣っているようです。ジュースだけではなく固形物も食べてもらうための工夫もしています。

「少しでも食べてもらえればと思い、たとえ食べなくても、毎日数種類の竹を置いてあげています。さらに淡河《おうご》の方には、搬入時に『タケノコはまだ？』などと情報を聞き、少しでも早くタケノコを入荷してもらえるようにも動いています」

タケノコが大好きなお嬢様。いつも楽しみにしている春の味覚を、ぜひ満喫していただきたいですね。

「あとは以前、中国の獣医師から『青草（同園では象などに与えている草）は、ジャイアントパンダも食べるよ』と伺ったので、与えてみると、短い期間ですが少量食べてくれました。なので、また食べてくれることを期待して青草を置いてみたりして、少しでも変化を付けてあげるようにしています」

タンタンの病状の観察のために来日していた中国の獣医師さんの貴重な意見も参考にしながら、チームタンタン一丸となって、日々いろいろな工夫をしているのです。

お嬢様とドンゴロス

さて、みなさんのお気持ちを知ってか知らずか、いつでもマイペースなお嬢様。3月7日の公式Xでは、トレーニングルームに用意されたドンゴロスを使ってお休みになっていました。ドンゴロスとはジュート（黄麻）で作られた袋のこと。お嬢様は枕にしたようです。

「吉田さんが、これで遊んだりしないかなと思って、入れてみたようです」と梅元さん。

ドンゴロスを枕におやすみなさい※

倒木のむこうからひょっこりタン※

こちらはもともとパンダ館にあったもので、吉田さんがお嬢様のためにと用意したよう。若いパンダたちに与えるときは、おやつを忍ばせることもあるドンゴロスですが、「中には何も入れていません」と梅元さん。

まぁ、見るからにぺったんこですものね。小タイヤ遊びや竹のお布団など、いろいろな道具を使いこなしてきたお嬢様。

「(今後も)たまに入れてあげようとは考えています」と梅元さん。

3月6日の公式Xでは「いーかーない」と通路に座り込んだお嬢様。

「タンタンの気分次第ですが、気候も影響しているように思われます」とのこと。

この日はお天気がイマイチだったのですよね。心のままにお過ごしになっている姿を拝見すると、今日はご気分がいいのだなと感じて、私たちも思わず頬が緩んでしまうんですよ、お嬢様。

こうしてゆるゆるライフを楽しんでいたタンタンは、この25日後にみんなに見守られながら、虹の橋を渡りました。5月10日に行われた追悼式には、関係者のほかに抽選で選ばれたファンなど160名ほどが参加。タンタンへの感謝がこもった心温まる式の後には、二人の飼育員さんも心なしか、晴れ晴れとした表情をしていました。高齢で病を抱えても、最期まで精いっぱい生きましたね。お空の上でも楽しくお過ごしですか、お嬢様。

2020年	7月1日	共同研究延長協議に関する経過的覚書の締結（～2020年12月31日まで）
	12月12日	「ごろごろパンダ日記～タンタンと飼育員の日々～」（NHK）放送
	12月28日	共同研究延長協議に関する経過的覚書期限を延長（～2021年12月31日まで）
2021年	1月下旬	心臓疾患が発覚 その後、いったん症状が落ち着く
	3月23日	再発
	4月19日	心臓疾患の第1報が出る
	8月21日	「ごろごろパンダ日記～タンタンまた明日ね～」（NHK）放送
	11月22日	タンタンの観覧一時中止
	12月14日	観覧再開
	12月27日	共同研究延長協議に関する経過的覚書期限を延長（～2022年12月31日まで）
2022年	3月14日	この日から観覧中止
	5月11日	中国から獣医師の成《せい》 彦曦《えんし》氏と、飼育員の王《おう》 平峰《へいほう》氏来日（8月4日帰国）
	12月27日	1年間の延長（～2023年12月31日まで）
2023年	8月11日	中国から獣医師の王《おう》 承東《しょうとう》氏来日（11月初旬まで）
	10月14日	SNS更新頻度低下のお知らせ この頃から固形のエサを食べなくなる
	11月11日	「ごろごろパンダ日記　ひまわりとタンタンの約束」（NHK）放送
	11月28日	中国から獣医師 何《か》鳴《めい》氏来日（2024年2月末まで）
	12月27日	1年間の延長(～2024年12月末まで)
2024年	2月26日	中国から、獣医師 楊海迪《ようかいてき》氏来日（5月末まで）
	3月	一時的に行動量が増える（原因は不明）
	3月13日	栄養と薬入りのジュースを飲まなくなる
	3月15日	病状が目に見えて進行する（24時間の見守り体制開始）
	3月20日	公式SNS「きょうのタンタン」休止
	3月31日	午後11時56分　心臓疾患に起因する衰弱で亡くなる

timeline タンタン年表

1995年	9月16日	臥龍ジャイアントパンダ保護研究センターで誕生
2000年	7月16日	来　園
	7月28日	一般公開開始
2002年	12月5日	初代コウコウが帰国
	12月9日	2代目コウコウ来園
	12月21日	2代目コウコウの一般公開開始
2003年～2006年		自然繁殖、人工授精による繁殖を試みるが妊娠に至らず
2007年		3月に3回の人工授精を行う
	8月12日	出産するが、死産
2008年		●梅元さんが担当に
		4月に3回の人工授精を行う
	8月26日	出産
	8月29日	赤ちゃんが亡くなる
2009年		●吉田さんが担当に
		1月に3回、11月に3回、計6回の人工授精に挑むも妊娠に至らず
2010年	6月9日	5年間の延長を定めた「日中共同研究補充協議書」締結
	9月9日	コウコウが亡くなる
2011年～2014年		梅元さん、3回 雅安碧峰峡基地へ研修に
2012年～2014年		吉田さん、2回 雅安碧峰峡基地へ研修に
2015年	7月13日	5年間の再延長を定めた「日中共同研究延長協議書」締結
2020年	1月14日	ツイッター(現・X)にて「#きょうのタンタン」開始
	5月	中国への返還が決定
	6月	「ありがとうタンタン」キャンペーン始まる

おわりに

連載を始めた当初は、飼育員の梅元さんにも「そんなにネタなんてないって！」と言われましたが、タンタンお嬢様の毎日はとても変化に富んでいて、初めて聞くお話も多く、それこそネタの宝庫でした。そんな中、コロナ禍で中国の直行便もなく、帰国もじわじわと延びていきました。「このまま神戸にいてくれたら」そう思ったファンは少なくなかったはずです。

ところが、2021年1月には心臓疾患が見つかり、長い闘病生活が始まりました。闘病とは言っても公式SNSでは、いつものようにかわいく楽しいタンタンの毎日が発信されていましたし、私の方も話題が暗くならないように、あくまで日常の延長としてみなさまにお嬢様の様子をお伝えしてきたつもりです。

高齢パンダの心臓疾患は特に珍しいものでもありません。老化に伴う慢性心不全で亡くなった上野動物園のリンリンの場合は、亡くなったときに40リットルほど腹水がたまっていたそうですが、お嬢様はハズバンダリートレーニングのおかげで局部麻酔のみで腹水を抜くことができ、軽くなった体で自由にお散歩を楽しむことができました。サトウキビジュースの発見によって、苦労していた投薬もすんなりと行えるようになりましたよね。飼育員の吉田さんもおっしゃっていましたが、お嬢様から得られた多くの知見が今後の老齢パンダの飼育に生かされますように。

私自身、お別れのダメージはいまだ癒えておりません。タケノコを見て、ニンジンを見て、おにぎりを見て（食べ物ばっかり……）お嬢様を思い出し、これからもふとした瞬間に花粉に襲われる※ことでしょう。出会わなければ、こんな悲しみも知ることはありませんでした。でも、お嬢様に出会えてよかった。こうして懸命に生きたお嬢様のことを、最後までみなさんにお伝えできたことも、とても光栄に思います。

最後に、サービス精神が旺盛で、タンタンにまつわるいろいろなことを教えてくださった飼育員の梅元良次さん。「こういうの、苦手やねん～」と言いながらも、しっかりと質問に答えてくださった、もう一人の飼育員 吉田憲一さん。それから神戸市立王子動物園のみなさんにも、この場を借りてお礼を申し上げます。2020年11月から約3年間の長きにわたり、取材へのご協力ありがとうございました。

あとは連載中、感想や励ましの言葉をくださったタンタンファンのみなさんへ。みなさんが読んでくださらなければ、こんなに長く続けられなかったと思います。本当にありがとうございました。

これからもみなさんと、お嬢様との思い出を共有できればうれしいです。

※お嬢様用語で泣けるということ

長い間、神戸にいてくれて

ありがとうタンタン

あなたのこと、ずっと忘れないよ

タンタンとチームタンタン
提供:神戸市立王子動物園

二木繁美（にき・しげみ）

パンダライター。パンダがいない愛媛県出身。パンダのうんこを嗅ぎ、パンダ団子を食べた、変態と呼ばれるほどのパンダ好き。和歌山アドベンチャーワールドのパンダ「明浜（めいひん）」と「優浜（ゆうひん）」の名付け親。美術系の短大を卒業後、グラフィックデザイナーを経て、パンダライター・イラストレーターとして活動中。パン活（パンダの推し活）では日本全国を回り、一眼レフで１度に数百枚から千枚超えのパンダ写真を撮影。著書にマニアックな写真と観点でパンダの魅力を紹介する『このパンダ、だぁ〜れだ？』。講談社 WEB メディア「現代ビジネス」で、パンダのタンタンの日常を伝える「水曜日のお嬢様」を連載中。

ブックデザイン ……… 河野朱乃（株式会社 光雅）
校正 ……… 株式会社 鷗来堂
取材協力 ……… 神戸市立王子動物園
写真提供 ……… 神戸市立王子動物園（カバー写真、本文中の※印の写真）

水曜日《すいようび》のお嬢様《じょうさま》 タンタンのゆるゆるライフ

2024年９月３日　第１刷発行

著　　者　二木繁美《にきしげみ》
発 行 者　出樋一親／森田浩章
編集発行　株式会社講談社ビーシー
〒112-0013　東京都文京区音羽 1-18-10
電話 03-3943-6559（書籍出版部）
発売発行　株式会社講談社
〒112-8001　東京都文京区音羽 2-12-21
電話 03-5395-5817（販売）
電話 03-5395-3615（業務）

印 刷 所　株式会社新藤慶昌堂
製 本 所　牧製本印刷株式会社

ISBN978-4-06-536661-5